무례함을 참지 않고 **당당**하게 말하는

아이의
말연습

무례함을 참지 않고 **당당**하게 말하는

아이의
말연습

김성효 지음

21세기북스

왜 그랬어?
싫다고 왜 말 못 해!

3학년을 담임했던 해의 일입니다. 반에 말수가 없고 조용한 아이가 있었습니다. 평소에도 친구들하고 떠드는 일이 거의 없고, 수업 시간에 모둠활동을 할 때도 입을 꾹 다물고 있었습니다. 제가 불러서 물어봐도 입술만 달싹거릴 뿐, '예, 아니오.' 단답형 대답 말고는 말을 듣기 어려웠습니다.

3월 초 학부모 상담 주간에 아이의 어머니를 만나게 됐습니다. 아이가 내성적이고 말수가 없는 부분을 상담하실 걸로 예상했는데, 어머니는 눈물을 쏟으면서 전혀 뜻밖의 이야기를 하셨습니다.

"선생님, 사실은 저희 수민이가 작년에 학교에서 많이 힘들었어요. 아이들이 선생님 눈치를 보느라 대놓고 그러진 않았지만, 왕따나 다름없었어요. 아이들이 생일날 다른 애들은 다 초대해도 수민이는 초대를 안 했어요. 저도 힘들었고, 수민이도 힘들었어요."

이후에 나온 이야기는 더 놀라웠습니다.

"수민이가 아침에 이를 안 닦고 학교에 간 적이 있는데, 그때 입에서 냄새가 난다고 남자애 하나가 놀렸대요. 애들이 다 같이 따라 놀리면서 '입 냄새'라고 놀렸다고 하더라고요. 그때부터 그렇게 됐대요. 제가 왜 애들 놀리는 동안 가만히 있었냐고 화를 내니까, 수민이가 그러더라고요. 뭐라고 말해야 할지 몰라서 못 했다고, 그러다가 그냥 울었대요. 그 말을 듣는데 속이 어찌나 터지는지, 수민이 등짝을 때렸어요. 저도 어렸을 때 그랬는데, 수민이가 똑같아서 더 미워요. 수민이는 지금도 친구들 앞에선 말을 안 해요. 아마 선생님이 물어보셔도 대답을 안 할 거예요."

순간 많은 생각이 머리를 스쳐 지나갔습니다. 아이들 사이에선 그런 일이 종종 있습니다. 아무것도 아닌 일로 누군가 하나가 놀리기 시작하면 마치 밈(meme)처럼 퍼져나가고, 순식간에 학급 전체에서 놀림의 대상이 되고 말지요. 돌림노래라도 부르듯이 말입니다.

이런 일은 누구에게나 있을 수 있습니다. 이때도 '그게 어때서…….'라며 당당한 태도를 보이는 아이도 있지만, 수민이처럼 친구들 앞에서 입이 붙어 버리는 아이가 있습니다.

이 책을 쓰면서 여러 번 강조했지만, 말하기란 습관이기 때문에 평소에 연습해 두지 않으면 당혹스러운 상황에서 제대로 말하기가 어렵습니다. 이 글을 쓰고 있는 저 역시 그랬고요.

저는 일곱 살에 초등학교를 입학했는데, 게다가 10월생이었습니다. 다른 친구들보다도 정서적으로 매우 어렸지요. 별명이 울보였을 정도로 자주 울었습니다. 누가 조금만 놀리고 짓궂게 장난쳐도 눈물부터 났습니다. 뭐라고 따져야 할지 몰라서 울고, 억울해서 울고, 속상해서도 울었습니다. 번번이 우는 저를 친구들은 좋아해 주지 않았습니다. 덕분에 외로워서도 많이 울어야 했죠.

이 경험 덕분에 제가 교사가 된 다음에도 말보다 눈물이 앞서는 아이, 똑똑하지만 의외로 친구들 앞에서 얼어붙는 아이, 말로 해도 되는데 굳이 주먹이 먼저 나가는 아이, 억울한데 항변조차 못 하는 아이 등을 유심히 관찰하게 됐습니다. 그러다가 어느 순간 깨달았습니다. 이런 아이들 대부분은 감정 표현에 미숙하거나 가정에서 한 번도 이런 상황에 대한 말하기에 대해서 배워본 적이 없다는 것을요.

부모가 아이 곁을 항상 지키면서 아이가 억울할 때, 속상할 때, 친구가 놀릴 때 대신 말해 줄 수 있다면 좋겠지만, 현실은 그럴 수 없습니다.

초등학생은 아직 어리기에 아무 말이나 쉽게 던지고, 뜻하지 않게 친구에게 상처 주는 경우도 많습니다. 심한 장난을 칠 수도 있고요. 누가 칼을 던졌을 때, 맨손으로 받으라고 할 부모님은 안 계실 겁니다. 그렇다면 적어도 아이 손에 방패 하나는 쥐어 줘야 하지 않을까요.

저는 그 방패가 바로 말이라고 생각합니다. 그것도 누구나 훈련하고 연습하면 얻을 수 있는 참으로 공평한 방패 말입니다. '나를 지킬 수 있는 최소한의 경계, 이 경계만큼은 누구에게도 양보하지 않을 거야.' 하는 심리적 방패. 이 심리적 방패를 아이 손에 쥐어 줘야 하지 않을까 하는 것이 제가 이 책을 쓰게 된 이유입니다.

가끔 강연에서 만나는 학부모님들이 이렇게 말씀하시곤 합니다.

"제가 어릴 때 너무 착하고 순하기만 했어요. 저희 아이는 저를 안 닮으면 좋겠어요."

안타깝지만, 말은 습관이고 훈련입니다. 연습하지 않으면 부모가 겪었던 불편했던 경험을 아이도 고스란히 겪을 수밖에 없습니다. 똑똑하든 착하든 마찬가지입니다. 당당한 말하기는 연습, 습관, 반복으로 얻어지는 것입니다.

책 속에서 여러 번 강조했지만, 아이들 사이에선 별의별 일이 다 일어납니다. 친구들끼리 단톡방에서 주고받은 험담, 친구 사진을 우스꽝스럽게 합성해서 장난치는 경우, 남학생들끼리 공유한 팬티만 입은 사진, 소셜미디어 계정에서 누군가를 욕하는 일, 대가를 받고 게임 아이템을 판 학생, 모두 제가 학교에서 학교 폭력 문제로 상담했던 사례들입니다.

아이가 학교 폭력의 가해 학생이 되지 않으려면 감정 표현을 정확하고 부드럽게 하는 것을 배워야 합니다. 내가 재미있다고 해서 상대도 재미있지는 않다는 것을 반드시 가르쳐 주셔야 합니다. 내 감정을 상대에게 일방적으로 강요하는 것도 일종의 폭력이기 때문입니다.

반면에 학교 폭력의 피해 학생이 되지 않으려면 부정적인 감정이나 거부하는 말을 부드럽게 다룰 줄 알아야 합니다. 무언가를 거절하거나 거부해야 하는 상황, 아이가 피해를 받거나, 안전에 위협받는 상황에선 '싫어, 안 할래.'라고 말할 수 있어야 합니다. 다만, 이런 말을 할 수 있으려면 미리 준비돼 있어야 합니다.

자존감만큼 대화에서 중요한 것도 없습니다. 하지만 자존감은 하루 이틀에 길러지는 것도 아니거니와 쉽게 얻을 수 있는 것도 아닙니다. 꾸준히 지지하고 격려해 주는 보호자와 함께 할 때 비로소 천천히 쌓입니다.

내가 나를 존중하는 자존감은 공감 능력과도 직접적으로 연관이 있습니다. 내가 나를 존중하지 않으면 남이 존중받아야 한다는 공감도 할 수 없고, 남의 마음을 살필 줄 아는 대화도 할 수 없기 때문입니다. 남에게 상처 주지 않으면서도 할 말은 다 하는 자존감 높은 아이로 키우고 싶다면 아이의 자존감과 타인의 마음에 대한 공감 능력에 대해서 부모로서 항상 주의를 기울여야 합니다.

책을 쓰면서 어른이 아닌 아이에게 필요한 말하기 연습에 대해서 고민이 많았습니다. '어떻게 해야 쉽고 반복적으로 가르칠 수 있을까?' 어른이라면 이럴 때는 이렇게 하고, 저럴 때는 저렇게 하는 식으로 상황에 맞는 다양한 말하기를 연습하고 외울 수도 있겠지만, 아이들은 그렇지 않습니다. 복잡해도 안 되고, 어려워도 안 됩니다. 핵심만 정확하게 짚어서 가르쳐 주어야 합니다.

상황에 따른 다양한 말을 일일이 외우는 것보다 효과적인 것은, 자신을 함부로 대하는 상대에게 어떻게 대응할지에 대한 기본적인 방법과 태도를 배우는 것입니다. 그것이야말로 아이의 말하기 연습에서의 핵심이라는 것을 꼭 기억해 주세요.

대부분 부모가 야무지고 단단한 아이, 필요한 경우는 단호하게 말할 수 있는 아이로 키우고 싶어 합니다. 마냥 착하고 다 받아 주는 게 아니라 진짜로 아닐 때는 아니라고 말하는 아이로 키우고 싶어 하죠. 그렇다면 연습해야 합니다. 자주 연습해야 하고, 입에 밸 정도가 돼야 합니다.

처음엔 어렵지만, 말이란 것도 습관이라 시간이 지나면 지날수록 점점 입에 익습니다. 나중엔 힘들이지 않고도 단호하게 선을 그으면서 말할 수 있게 됩니다.

앞으로 이 책에서는 3단계 말하기를 다양하게 응용한 여러 사례들을 살펴볼 것입니다. 중요한 것은 이렇게 부드럽지만 단호한 태도로 나를 지키려 아이 스스로 노력할 수 있도록 자주 연습하고 함께 역할극을 해 봐야 한다는 겁니다.

이 책은 아이들 사이에서 실제로 벌어지는 여러 가지 문제 상황과 질문들을 살펴보고, 부모가 지도할 때 유의할 점, 아이가 해야 할 대응적인 말하기를 제시했습니다. 꼭 똑같지는 않더라도 비슷한 식으로 꾸준히 연습한다면 나중엔 내면화돼서 아이 혼자서도 잘 할 수 있습니다. 저희 반 학생들도 그랬고, 저희 자녀들도 그랬습니다.

책에서 다룬 사례는 모두 실제 사례입니다. "나라면 어떻게 할까?" 아이들과 같이 이야기 나누고 고민해 보고 연습해 보세요. 우물쭈물하지 않고 자신 있게 말할 수 있을 때까지 함께 연습해 보시기 바랍니다. 꾸준함은 자신감을 만들고, 자신감은 탁월함을 낳는답니다.

서로 상처주지 않는 세상을 꿈꾸며,

성효쌤 씀

| 차례 |

아이들이 갈등 상황에서
보이는 세 가지 반응

갈등 상황에 놓일 때 아이들은 주로 어떻게 반응할까요? 오랜 시간 초등학교에서 교육자로 살아온 경험을 바탕으로 할 때, 크게 세 가지 반응으로 범주를 나눌 수 있었습니다. **회피, 공격, 대응**이 바로 그것입니다. 물론 아이의 심리 상태, 가정환경, 주변 상황, 친구 관계 등 여러 요인을 고려한다면 훨씬 다양한 반응이 나오지만, 그보다 중요한 것은 적절한 대응이라고 생각해서 이 책에서는 세 가지 반응을 주로 다루었습니다.

먼저 회피는 하고 싶은 말을 하지 않는 경우입니다. 하고 싶은 말이 있지만 차마 못 하고 돌아서는 경우, 끝을 얼버무리거나 불분명하게 흐리는 경우, 억지로 참으면서 거짓으로 웃어 보이는 경우, 일부러 모른 척 넘어가는 경우, 울어버리는 경우 등입니다. 이때 아이 마음에는 억울함, 분노, 속상함 등이 차곡차곡 쌓이게 됩니다.

회피도 처음엔 그럭저럭 참고 이해하지만, 그것도 정도가 있습니다. 심리적으로 허용이 가능한 어느 한계를 넘어서면 그땐 어떤 아이든 무서울 정도로 폭발해 버립니다. 평소엔 착한 아이가 흥분해서 물건을 집어 던지거나 하는 경우가 이에 해당합니다. 침착하고 부드럽던 아이가 갑자기 동생에게 무섭게 화를 내거나 소리 지르는 경우, 교실에서 내내 조용하게 지내던 아이가 친구들에게 마구 소리 지르면서 화를 내는 경우 등이지요.

회피 반응이 반복되면 아이의 마음에 억울함이나 분노가 쌓일 뿐만 아니라, 짓궂은 아이들에겐 만만한 아이가 되기 쉽습니다. 게다가 분명하게 거부의 반응을 보인 것이 아니기에 심지어 '그땐 너도 별말 없었잖아.' 같은 소리를 상대 아이에게 듣기도 합니다. 사실은 하나도 안 괜찮은데, 괜찮은 척 오래 참아왔을 겁니다. 아이가 학교에서 부딪칠 만한 여러 상황을 상상해 보면서 꾸준히, 반복해서 연습해야 도움이 될 수 있습니다.

반대로 공격적인 반응이 익숙한 아이도 있습니다. 조금만 불쾌하고 불편해도 욕을 하거나 큰 소리를 지르고, 화를 내면서 친구를 때립니다. 공격적인 감정 반응은 거의 반사적으로 튀어나오기에, 친구들이나 부모가 당황해서 어찌할 바를 몰라 하는 경우가 많습니다. 주변에서 우물쭈물하는 것 역시 아이에겐 부정적인 의미로 학습이 됩니다. 정확하게 어떤 행동이 잘못됐는지, 어떻게 표현해야 하는지 가르쳐 주셔야 합니다.

가장 적절한 대응은 자신을 지키면서 부드럽고 당당한 말하기입니다. 그러려면 아이 스스로 허용이 가능한 심리적 경계를 스스로 인식할 수 있어야 하고, 한계를 넘어설 때는 단호한 태도로 자신을 지키는 말을 할 수 있어야 합니다. 이건 아이 스스로 자신을 지키는 행동일 뿐 아니라, 아이를 외부로부터 지켜줄 자존감의 든든한 밑바탕이 됩니다.

이 책에선 실제 상담했던 사례들과 함께 세 가지 반응을 제시했습니다. 모두 실제 사례인 만큼 아이와 함께 차근차근 연습해 보세요. 분명 조금 더 든든하게 학교생활을 해나갈 수 있을 것입니다.

특히 최근 학교폭력 문제로 많은 부모가 고민하고 걱정하는 것을 반영하여 상처를 준 아이를 위해서도, 상처받은 아이를 위해서도 어떤 식으로 말해야 할지에 대한 부모 말하기 팁도 함께 제시했습니다. 그 밖에도 부모가 아이에게 말하기를 지도할 때 알아두면 좋을 여러 가지 팁들도 함께 소개했으니, 다양하게 활용해 보세요.

사례마다 아이들이 자주 경험하는 교실 상황을 상황극으로 연습해 볼 수 있도록 〈함께 연습해 볼까요〉 코너를 두었습니다. 아이와 역할 놀이를 하듯 연습해 보세요. '나라면 어떻게 말할까?'라며 상상해 보게 하고, 여러 번 반복해서 이야기 나누세요. 분명히 아이에게 큰 도움이 될 겁니다.

듣기 싫은 별명을
부를 때

Q. 친구가 자꾸 별명을 부르면서 놀린대요. 장난이라고 그냥 넘어가기
엔 아이가 힘들어 하는데, 어떻게 하라고 알려 주는 게 좋을까요?

6학년을 담임했을 때 남학생 하나가 아침부터 펑펑 운 일
이 있었습니다. 착하고 온화해서 평소에 친구들하고 잘 지내
는 아이였습니다. 싸움 한번 없이 조용하던 아이가 소리를 지
르면서 화를 내길래, 어떻게 된 일인지 알아봤더니, 아이들이
이름으로 장난을 쳤더라고요.

"안녕, 안녕, 안녕, 진."

이름이 안영진이기 때문이었습니다. 평소엔 차분하고 한없
이 온화하던 아이가 그렇게까지 화를 낼 수 있구나 싶어 놀랐

던 기억이 납니다.

전에 TV에서 유리 공예를 하는 걸 본 적이 있습니다. 뜨거울 때의 유리는 마치 반죽 같아서 마음대로 불거나 빚거나 잘라서 다양한 모양을 만들 수 있습니다. 어떤 건 유리병이 되고, 어떤 건 작은 세공품이 되고, 또 어떤 건 값비싼 공예품이 되었지요.

아이들의 마음도 유리 반죽과 비슷합니다. 가소성이 크기 때문에 그만큼 다치기도 쉽고, 한 번 상처가 깊이 나면 나중엔 비슷한 일이 발생했을 때 그 앞에서 위축됩니다. 아이들의 마음이 얼마나 다치기 쉽고 부서지기 쉬운지를 생각한다면 함부로 놀리거나 장난을 치는 게 얼마나 위험한 일인지 조금은 이해하실 수 있을 겁니다.

아이들은 심각하고 엄청난 장난에만 상처받는 게 아닙니다. 별것 아니고 시시한 일에도 상처받습니다. 그 아이가 유별나게 여리고 섬세해서라기보다는 대부분 아이가 그렇습니다. 평소엔 대범해 보이던 아이가 아무것도 아닌 일에도 울지요. 어른은 짐작하기 어려울 정도로 시시한 말로도 상처받는다는 걸 늘 염두에 두시는 게 좋습니다. "안녕, 안녕, 안녕 진."이 안영진이라는 아이에겐 상처가 되는 것처럼 말입니다.

상처받은 아이를 위해서

어른 기준으로 작고 사소한 말장난이라고 생각하지 마세요. 별것 아니라고 생각하면 아무것도 도와줄 수 없습니다. 어른 눈엔 아무것도 아닌 일도 아이에겐 소중하고 귀한 일일 수 있습니다.

"그런 일은 그냥 좀 넘어가지. 넌 왜 이렇게 소심하니?"

"친구들끼리 그럴 수도 있지, 그냥 모른 척해."

이렇게 핀잔을 주면 아이들은 내면에서 일어나는 갈등을 정면으로 마주할 만한 기회와 경험을 갖지 못합니다. 놀라서 응어리진 아이의 마음이 풀어질 기회와 시간을 주어야 하고, 마음이 조금 풀어지면 어떤 점이 그렇게 속상했는지 물어보고 이야기 나누어야 합니다.

조금 더 멀리 내다봤을 때는 우선은 아이의 다친 마음을 보듬어 주고, 긍정적으로 지지해 주시는 태도가 필요합니다. 그래야 아이도 미운 말을 한 친구를 용서하고, 이해할 수 있습니다.

"친구가 놀려서 속상했구나. 엄마도 그런 적 있어. 근데 친구는 네가 상처받을지 모르고 장난친 거였을 수도 있어. 조금 지난 다음에 다시 더 생각해 보면 어떨까?"

상처 준 아이를 위해서

친구에게 별명을 지어 부르면서 놀린 아이라면 친구가 받아들일 수 있는지 없는지에 대한 구별이 필요하다는 걸 분명하게 알려 주시는 게 좋습니다.

"친구가 싫어하면 별명으로 부르지 마. 친구가 싫어하는데도 반복해서 별명을 부른다면 그건 나쁜 행동이야."

해도 되는 것과 하면 안 되는 것 사이의 경계를 이렇게 분명하게 세워 주셔야 아이가 학교에서 친구를 함부로 놀리는 식의 장난을 치지 않게 됩니다.

친구가 어쩌다가 가볍게 한두 번 놀린 정도라면, 가볍게 넘어갈 줄도 알아야 합니다. 매번 상대의 잘못을 지적하고 말과 행동을 꼬치꼬치 바로잡을 필요는 없습니다. 과하고 심각한 장난을 치는 행동을 바로잡는 것은 아이의 일이 아니라, 교사의 일이고, 부모의 일입니다. 다만, 반복되거나 불쾌하고 마음에 두고두고 남는 경우라면 부드럽게 짚고 넘어가야 합니다.

친구: 안녕, 안녕, 안녕, 진. 너는 맨날 안녕하겠다. 안녕, 진이라서. (이름으로 놀리고 있다)

나: 어, 그게, 아……. (끝을 흐리면서 불분명하게 말한다)

나: 그러지 말라고. 엄마한테 말할 거야. (자리에 없는 부모에게 책임을 넘긴다)

나: 뭐? 너 뭐라고 했어? 너 죽고 싶냐? (때리거나 욕을 한다)

나: 난 네가 이름으로 놀리는 거 싫어. (왜 그런지 설명하기)

나: 내 이름으로 놀리지 말아줘. (원하는 것 말하기)

'네가 그러면 난 기분 안 좋아.'처럼 말하면 아이들은 알아 듣지 못합니다. '네가 이름으로 놀리면 기분이 안 좋아.'라고 구체적이고 정확하게 말해야 합니다. 그래야 상대 아이도 '아, 내가 이름으로 놀려서 친구 기분이 안 좋구나.'라고 알아차립 니다. 이렇게 구체적으로 말해 줘도 아이의 마음을 몰라 주고 엉뚱한 반응을 하는 아이들도 있답니다. 그런데 빙빙 돌려서 표현한다면 상대 아이는 왜 화났는지를 이해하기가 더 어렵 겠죠.

"최우주, 공 좀 던져봐. 넌 우주최강 아니냐?"

명환이가 우주에게 야구공을 던지라고 했어요. 우주는 공 던지는 걸 잘 못하는데 말이에요.

"왜? 너 우주최강이잖아."

우주가 망설이는 걸 보면서 명환이가 말했어요.

"내가 언제 우주최강이랬어? 나 우주최강 아니야."

우주가 쭈뼛거리면서 대답했어요.

"이름이 최우주니까, 우주최강이지."

히죽 웃으면서 명환이가 말했어요.

"최강야구, 우주최강, 아니냐?"

명환이가 일부러 우주최강이라고 놀린다는 걸 알면서도 우주는 뭐라고 말해야 할지 몰라서 대답하지 못했어요.

여러분이 우주라면 어떻게 말하고 싶나요?

03

친구들 앞에서
당당히 말하게 해주는 방법

4학년을 담임할 때 남학생들 여럿이서 한 여학생에게 '뚱땡이'라고 놀렸던 일이 있었습니다. 남학생들을 불러서 야단치려고 했더니, 이 여학생이 "괜찮아요. 선생님, 제가 이미 사과다 받았어요. 다신 안 그럴 거예요."라고 하더군요. 실제로도 그런 일은 두 번 다시 없었고요. 담임 교사가 혼내기도 전에 남학생들이 여학생에게 이미 정중하게 사과했던 이유, 궁금하지 않으신가요?

이 여학생 같은 아이들이 교실엔 가끔 있습니다. 희한할 정도로 아이들이 말을 잘 들어줍니다. 이 아이에게만큼은 짓궂게 장난을 치는 일도 없거니와 아이가 나서서 뭘 하자고 하면 다들 잘 따라줍니다. 이처럼 당당하게 목소리를 내는 아이들은 말할 때 몇 가지 눈에 띄는 특징이 있습니다.

목소리에 힘이 있고, 짧고 간결하며, 뜻이 분명하게 드러나게 말합니다. 사실 이 세 가지는 말을 잘하는 사람이라면 누구나 갖고 있는 특성이기도 합니다. 이 책에서 반복해서 강조하고 있는 대응하는 말하기의 핵심 능력이기도 하고요.

먼저 목소리에 힘이 있어야 합니다. 이건 굉장히 중요한 부분인데, 생각보다 많은 사람이 잘 모르는 부분이기도 합니다. 기본적으로 모든 말에는 힘이 있습니다. 큰 전쟁을 앞두고 사령관이 병사들 앞에서 '나가서 싸우자!' 외치는 장면을 드라마에서 많이 보셨을 겁니다. 이런 연설을 괜히 하는 게 아닙니다. 말에 있는 힘을 이용하는 것입니다. 힘주어 말하기는 천천히, 또박또박 큰 소리로 말하는 연습을 자주 하면 좋습니다. 책을 매일 15분 정도 크게 소리 내어 정확한 발음으로 읽기를 훈련하면 빠르게 잡힙니다.

다음으로는 짧고 간결한 말하기입니다. '~해서, ~그래 가지고, ~해 가지고, ~했더니, ~하니까 좋았다' 하고 말하는 아이들이 간혹 있습니다. 이런 말은 서술어가 안 나왔기 때문에 끝까지 주의를 집중해서 들어야만 하려는 말이 무엇인지 알

수 있습니다. 그것도 주의 깊게 집중해 있을 때 얘기지, 집중력이 짧은 초등학생이라면 이런 말에 끝까지 집중해 있기 어렵습니다. 문장을 짧게 말하는 습관을 갖도록 가르쳐 주는 게 좋겠지요. '나는 ~했어.', '나는 ~하고 싶어.', '나는 ~할 거야.'처럼 짧게 말하는 겁니다. 그렇게 해야 상대가 내 말에 주의를 기울입니다.

마지막으로는 뜻이 분명해야 합니다. 흐리멍텅하게 끝을 흐리거나 무슨 말을 하려는지 모르게 빙빙 돌려서 하는 말은 상대가 엉뚱하게 이해할 여지를 둡니다. 학폭 사안을 조사하다 보면 학생들끼리 서로 '뭐야, 너 그땐 그렇게 말 안 했잖아?', '아니야. 네가 그렇게 말했어.' 같은 이야기를 하는 경우가 있는데, 이 역시 빙빙 돌려서 말하기 때문입니다. '난 ~가 싫어.', '난 ~하고 싶지 않아.', '난 ~는 안 할 거야.', '난 ~를 좋아해.', '난 ~하고 싶어.'처럼 분명하게 말하는 습관을 들여야 상대가 엉뚱하게 오해하지 않습니다.

이와 반대로 목소리에 힘이 없고, '어, 그러니까, 아, 아니, 어, 근데, 어……'처럼 의미 없는 말을 반복하거나, 말끝을 흐리면서 뜻이 모호한 말을 길게 말한다면 상대적으로 만만해 보입니다. 그 아이의 말은 잘 들리지 않습니다.

간단한 원리이지만, 말하기의 핵심은 이 안에 다 들어 있습니다. 힘주어 분명하고 짧게 말하는 습관을 들인다면 어떤 상황에서도 부드럽게 하고 싶은 말을 할 수 있습니다. 말하기는 훈련이고 습관이기에 반복하고 연습하면 누구나 잘할 수 있습니다. 소심하거나 내성적이거나 부끄러움이 많거나 하는 문제가 아닙니다. 상황을 미리 연습했는지, 안 했는지의 차이일 뿐입니다.

💬 함께 연습해 볼까요

교실 복도에서 아이들 여럿이서 함께 놀고 있습니다. 수아가 지나가는데, 재훈이가 손가락질했습니다.
"야, 뚱땡이 왔다. 하하하. 뱃살 봐. 장난 아니다."
재훈이가 한 말에 옆에 있던 아이들이 "와~." 하면서 함께 웃었습니다. 수아는 얼굴이 몹시 빨개졌습니다. 이때 수아는 어떻게 말해야 할까요?

-똑같이 놀려준다.

"재훈이 넌 지렁이냐? 공책 쓸 때 글씨가 기어가던데?"

이런 방법이 좋지 않은 이유는 무엇일까요?

- 대응하는 말하기를 한다.

"방금 나한테 뚱땡이라고 불렀어?" (객관적 사실 말하기)

"나는 네가 그렇게 부르는 게 재미없어."(불편한 점 말하기)

"더 이상 그렇게 부르지 마." (원하는 것 말하기)

04

학교에선 아무 말 못 하고
집에 와서 속상해하는 아이

집에 와서 학교에서 있었던 일로 속상해하는 아이를 보면 어떤 생각이 먼저 드시나요? 안타깝고, 속상하고, 화가 나지요. 저도 그랬습니다. 그렇지만 부모가 부드럽고 의연한 태도를 보이는 게 장기적으로는 아이의 정서에 긍정적인 결과를 가져옵니다. 부모가 불안해하고 화를 내면 아이가 그대로 고스란히 느끼고 마음이 더욱 불안해지기 때문입니다.

A "아, 그래. 오늘 학교에서 그런 일이 있었어? 많이 속상했겠네. 어떤 부분이 안 좋았는지 엄마랑 찬찬히 얘기해볼까?"

B "뭐라고? 세상에, 어떻게 그럴 수가 있어. 그건 아니지. 어떻게 친구를 그런 식으로 놀려? 엄마가 내일 선생님께 전화해서 네가 얼마나 기분 나빴는지 다 말할게. 넌 가만 있어. 엄마가 다 알아서 할 테니까."

예를 들기 위해서 다소 과장하긴 했지만, 학교에서의 일로 속상해 하는 아이에 대한 부모의 반응은 앞의 예시처럼 A와 B 두 가지로 나뉩니다.

부모가 아이의 마음에 공감하고, 늘 지지해 주어야 하지만, 그것도 과할 필요는 없습니다. 속상했던 마음을 알아주고, 따뜻하게 안아주는 정도로도 충분합니다. 가장 가까운 사람인 부모로부터 심리적인 지지와 응원을 받은 아이라면 다음에 비슷한 갈등 상황에서 스스로 문제를 해결하려는 의지를 낼 수 있습니다.

친구의 장난에 대응하는 것은 불편하고 힘들어도 결국 아이가 해내야 하는 일입니다. 부모가 아이보다 먼저 나서서, 아이 몫까지 민감하게 반응하면 아이는 오히려 한 걸음 뒤로 물러나려 할 수도 있습니다.

"아니, 그렇게까진 아니고, 그냥 그랬다고. 그런 일이 있었다고 말한 거지, 뭐."

　아이는 그저 기분 나쁘고 속상했던 일을 말했을 뿐인데, 생각보다 일이 커지는 것 같아서 뒤로 물러서는 것입니다. 아이 스스로 수습하기 어려워서 그러는 게 아니냐고 생각하실지도 모르지만, 제 생각은 조금 다릅니다. 아이는 부모가 당장 나서서 상대 아이를 응징해 줄 것을 기대한 게 아니라, 어쩌면 단순하게 '나 이렇게 속상했어, 그러니까 엄마가 내 마음 좀 알아줘.'라는 정도를 기대했는지도 모릅니다.

　교실에서 아무런 갈등도 없고, 부딪침도 없다면 아이가 배울 것도 없지 않을까요? 불편한 상황을 겪어본 적 없는 아이라면 갈등이 생겼을 때 어떻게 해야 적절하게 대응할 수 있는지도, 상대에게 뭐라고 말해야 마음이 다치지 않는지도 배울 수 없겠지요. 저는 그보다는 다소 불편한 상황이라도 당당히 마주할 기회를 주어야 아이 스스로 역경을 견뎌 내는 힘도 길러진다고 믿습니다.

　아이들의 문제는 아이들이 스스로 해결해야 하는 문제입니다. 사과를 하는 것도 받는 것도 결국 아이들이 해야 합니다. 부모나 교사는 아이가 행동에 대한 책임을 지고, 마음을 담은 사과를 할 수 있도록 가르쳐야 합니다. 부모가 나서서 모든 상황에서 모든 말을 아이 대신 해 줄 수 없다면 말입니다.

05

장난이라면서
자꾸 툭툭 건드릴 때

Q. 친구가 장난이라면서 자꾸 툭툭 건드린대요. 왜 그러냐고 하면 장난인데 뭘 그러냐는 식으로 반응해서 어떻게 말해야 할지 모르겠대요.

3학년 지민이는 평소에도 장난꾸러기라는 말을 자주 들었습니다. 한 번은 이런 일이 있었습니다.

"선생님, 지민이가 수아 식판을 일부러 치고 지나갔어요. 수아 옷에 국물이 튀어서 애들이 옆에서 사과하라고 하니까 사과를 안 해요."

왜 사과를 안 했는지 지민이에게 물었더니, 장난이어서 안 했다고 하더군요.

실제로도 가끔 학부모 면담에서 아이들끼리 장난치면서 그런 것 같다는 식의 말을 들을 때가 있습니다. 그렇다면 아이들의 장난은 어디까지 괜찮은 걸까요? 기준은 간단합니다. 상대가 똑같이 웃으면서 받아 줄 수 있을 때만 장난입니다. 상대가 불쾌하거나 불편한 부분이 있었다면 이미 폭력이라고 봐야 합니다.

어떤 아이는 장난일지 몰라도 어떤 아이에게는 충격과 아픔으로 남습니다. 모두에 똑같이 적용되는 공통의 기준이라기보다는 심리적인 기준이라고 보는 게 맞습니다.

저는 이걸 크게 심리적, 신체적, 인지적 경계로 나누어서 설명하곤 합니다. 심리적 경계란 상대를 포용하고 이해해 줄 수 있는 정도를 말합니다. 상대 아이가 수용할 수 없을 만큼 잦은 빈도로 놀리거나 빈번한 장난을 뜻합니다. 신체적 경계란 아이의 신체에 직접적 영향을 미치는 걸 말합니다. 때리거나 꼬집거나 할퀴거나 하는 식으로 피해를 준 경우입니다. 인지적 경계란 아이가 인식할 수 있는 형태의 장난을 말합니다. 기분을 나쁘게 하려는 의도를 갖고 괴롭혔다는 걸 아이 스스로 인식할 수 있냐 없느냐를 말합니다.

장난을 잘 치는 아이라면 평소에 편하게 놀고 있는 상황에서 같이 놀고 있는 친구의 얼굴이나 표정을 살피는 걸 가르쳐 주시고, 상대를 불쾌하게 만들었을 땐 재빨리 사과하고 다시는 같은 행동을 하지 말도록 가르쳐 주시는 게 좋겠지요.

비단 외모를 비하한다거나 이름으로 놀린다거나 하는 것만 장난이 아닙니다. 글씨, 걸음걸이, 옷차림, 집안 형편, 피부색, 말투, 신체 등 다양한 영역 모두 해당이 됩니다. 특히 인격적인 모독에 해당하는 피부색, 말투, 외모, 가족 등의 주제로 장난을 쳤다면 그건 상대가 웃어 줬다고 해도 단순한 장난이라고 보기 어렵습니다.

상처 주는 아이를 위해

다시 강조하지만, 장난과 폭력의 경계는 내가 생각한 기준이 아니라, 상대의 기준에 따라 달라집니다. 상대가 받아들이지 못하는 일은 장난이 아니라 폭력이 됩니다. 말장난도 그렇지만, 몸으로 싸우는 것도 같은 이치입니다.

학교 폭력으로 일어나는 일들 대부분이 실제로 들여다보면 놀랄 만큼 사소한 데에서 시작합니다. 대부분 이 사례와 비슷합니다. 나는 장난이고, 상대는 장난이 아닌 거죠.

학부모와 면담했을 때, 다른 아이를 놀렸던 아이의 어머니가 깜짝 놀라면서 말했습니다.

"사실은 저희가 집에서 아이와 좀 짓궂게 놀아주는 편이긴 해요. 그래야 남자애들 정서에 좋다고 생각했어요. 근데 그게 학교에서 이런 식으로 나올 줄은 몰랐어요."

가정에서 간혹 부모가 아이에게 짓궂게 장난친 다음에, 아이가 토라지는 걸 보면서 재미있게 여기는 경우가 있는데요. 부모가 아이에게 이런 행동(짓궂은 장난 → 상대(자녀)의 토라짐 → 즐거워함 → 장난이라면서 넘어감)을 반복하면 아이는 은연중에 이런 행동을 학습하게 됩니다. 다른 친구에게 짓궂게 장난쳐도 괜찮다고 여기게 되지요. 부모님께서 어린 자녀를 상대로 이런 장난은 하지 않으시는 게 좋습니다.

부모의 장난에 아이가 불쾌해 할 땐 부모가 아이에게 정중하게 사과하고, 아이의 불편한 마음을 인정하고 존중해 주셔야 합니다. 이런 사과도 아이에겐 학습이 되고, 본보기가 되기 때문입니다.

아이의 정서는 말랑말랑한 유리 반죽과 같습니다. 대단한 작품이 될 수도 있고, 깨지기 쉬운 유리잔이 될 수도 있습니다. 부모나 교사가 아이에게 선하고 아름다운 영향을 줄 수도 있지만, 지워지지 않는 상처를 주거나 뜻하지 않은 잘못된 인식이나 오해를 심어줄 수도 있답니다. 아이가 어리든 그렇지 않든 아이의 감정과 정서는 늘 소중하게 대해 주셔야 합니다.

상처받은 아이를 위해

아이가 짓궂게 장난치는 친구 때문에 마음고생을 한다면 무엇보다 누구나 상처받을 수 있음을 인정해 주시는 게 좋습니다. 부모가 아이의 소심함을 지적하거나 소극적인 태도를 야단하는 경우, 아이는 더 주눅 들고 위축되고 맙니다. 그보다는 다음에 비슷한 일이 생겼을 때 어떻게 대응할지 배울 수 있는 기회로 삼고, 적절하게 가르쳐 주시는 쪽이 훨씬 좋은 방법입니다.

친구가 장난이라면서 짓궂게 군다면 분명하게 불편한 점을 짚어서 말하는 게 좋습니다. 끝을 얼버무리거나 원하는 게 무엇인지 불분명하게 말하면 상대는 무슨 말을 하고 싶은지 이해하지 못할 수도 있으니까요.

친구: 에이, 뭘 그런 걸 갖고 그래. 장난이잖아. 장난. 넌 장난도 못 받아주냐?(장난이니까 이해해야 한다. 이해 못 하는 네가 오히려 이상하다는 식의 논리)

💬 회피

나: 어……. 아, 알았어, 장난이니까 봐줄게. (내키지 않지만, 어쩔 수 없이 들어준다)

🔄 공격

나: 뭐? 넌 이게 장난이냐? 너 왜 맨날 나한테만 그래? 너 지난번에도 그랬지? (화를 내거나 욕을 한다)

✅ 대응

나: 난 그런 장난이 싫어. (내 마음 설명하기)
앞으로는 이런 장난치지 마. (원하는 것 말하기)

명환이는 장난을 잘 치는 편입니다. 가벼운 장난도 있지만, 때로는 정말 짓궂은 장난도 있어요. 우주는 명환이가 장난을 칠 때마다 짜증이 나지만, 그냥 참아요. 굳이 싸우거나 화내기 싫거든요.

갑자기 '티잉' 소리를 내면서 고무줄 하나가 날아왔어요. 명환이가 고무줄을 튕겨서 사람을 맞추는 놀이를 하던 중이었거든요.

"아야, 아파라."

우주는 뺨을 스치고 날아간 고무줄을 바라보았어요. 명환이가 히죽 웃었어요.

"야, 최우주. 가서 주워 와."

"뭐?"

"내 고무줄이 너 맞고 튕겨서 날아갔으니까, 네가 주워 오라고."

우주는 고무줄이 떨어진 곳과 명환이를 번갈아 쳐다보았어요. 여러분이 우주라면 무슨 말을 하고 싶나요?

06

'이런 것도 못 하냐?'라면서 친구가 무시할 때

Q. 저희 아이는 여러 가지로 좀 느립니다. 그런데 수업 시간에 같이 모둠활동 하는 아이가 저희 아이를 항상 무시하면서 말한대요. "넌 왜 이런 것도 못 하냐? 넌 못 하니까 빠져."라고요.

교실엔 적게는 열 명 남짓부터 많게는 서른 명 가까운 아이들이 모여 있습니다. 저마다 학습 능력이나 학업 성취 수준도 나르고, 좋아하거나 싫어하는 과목도 다르고, 살아온 환경도 다 다릅니다. 어떤 아이는 글을 기가 막히게 잘 쓰고, 어떤 아이는 암산이 빠르고, 어떤 아이는 역할 놀이를 잘합니다.

이렇게 다양한 아이들이 모여 있다 보면 자연스레 수준 차이가 날 수밖에 없습니다. 잘하는 아이, 못하는 아이가 있기 마련이지요. 이 차이는 아이들이 먼저 느끼기 때문에 사례에서처럼 아이들 사이의 다툼으로 이어지는 경우도 종종 있습니다. 더 빨리, 더 잘하는 아이가, 상대적으로 더 느리고, 더 못하는 아이에게 잔소리하고 닦달하는 식이죠.

아이들 사이도 어른 사이와 똑같습니다. 무시하는 느낌이 들면 안 그래도 어렵고 하기 싫은 일이 더 하기 싫어집니다. 상대적으로 자신감이 부족한 친구에게 말로 상처 주는 일이 없도록 경계하고 조심해야 합니다. 어떤 상황에서든 우쭐대거나 친구를 무시하는 식의 언행은 하지 않도록 늘 조심하는 게 좋습니다.

상처 주는 아이를 위해

아이들을 가르치는 것은 어디까지나 교사의 몫이고, 교사가 해야 할 일입니다. 아이가 아무리 똑똑하고 영리해도 똑같이 학생일 뿐입니다. 굳이 친구에게 잔소리하거나 야단칠 필요는 없습니다. 도와주더라도 담임 교사가 "네가 00이 좀 도와주면 어떨까?"라고 말한 다음, 도와줘도 늦지 않습니다. 물론 아이 나름으로는 열심히 하려고 애쓰고, 좋은 결과를 내고 싶어서 스트레스를 받기도 할 겁니다. 이런 열정을 헤아려 주시되, 지나쳐서 선을 넘지 않도록 경계를 세워 주세요.

모둠 친구들이 잘 안 도와주는 경우

"잘하고 싶은 마음은 엄마도 아는데, 네가 굳이 먼저 나서지 않아도 돼. 선생님이 상황을 다 알고 계시니까, 선생님께서 도와주라고 하시면 그때 도와줘도 괜찮아."

배우는 속도가 더딘 친구를 야단치는 경우

"너와 친구들은 다 다르잖아. 사람마다 얼굴이 다른 것처럼 배우는 속도가 다를 수 있어. 그 친구는 그 친구 나름의 속도로 배우고 있는 거야. 너와 속도가 다르다고 해서 무시하면 안 돼. 그 친구의 속도를 인정해 주렴."

상처받은 아이를 위해

누군가에게 무시당하는 것만큼 속상한 일도 없지요. 게다가 그 상대가 친구라면 더 기분 나쁘고 화납니다. 얼마든지 속상해하고 불쾌해할 수 있다고 생각하시고, 아이의 마음을 받아주시는 게 좋습니다.

아이가 배우는 게 더디거나 잘 못하는 것을 부모가 익히 알고 있다면 답답한 마음에 다음과 같이 아이를 타박하거나 잔소리를 하게 되는 경우가 가끔 있습니다.

"그러니까 네가 잘했어야지? 왜 친구들보다 못해서 그런 소리를 들어?"

이런 상황에서 가장 답답하고 속상한 건 아이일 텐데 말입니다. 학교에서는 친구에게 무시당하고, 집에서도 지지받지 못한다면 아이는 기댈 곳이 없지 않을까요?

사람은 배우는 속도가 저마다 다 다릅니다. 지금 빠르다고 해서 나중까지 쭉 빠르란 법도 없고, 지금 조금 느리다고 해서 나중까지 느리란 법도 없습니다. 저마다 자신에게 맞는 속도로 배우는 것일 뿐입니다. 좋고, 나쁨이 아닌 다름의 문제인 것입니다.

"사람은 배우는 속도가 다 달라. 그 친구가 지금 너보다 빠르다고 해서 항상 그러란 법은 없어. 친구가 뭐라고 하든 넌 네 속도대로 꾸준히만 노력하면 돼. 엄마는 네가 어떤 속도로 배우든지 상관없이 소중하고 자랑스러워."

친구: 김지수, 넌 원래 보드게임 잘 못 하잖아. 넌 하지 말고 그냥 구경해.

💬 회피

나: 어, 어, 알겠어. (말없이 친구들 하는 것만 보고 있다)

……. (울어버린다)

😡 공격

나: 뭐? 너 지금 말 다 했어? 넌 항상 네 맘대로만 하냐?

(화를 내거나 소리 지르면서 싸운다)

✅ 대응

나: 내가 보드게임을 너보다 못하는 건 사실이야. (객관적으로 상황 말하기)

하지만 그래도 해보고 싶어. 나도 할래. (원하는 것 말하기)

💬 함께 연습해 볼까요

선생님이 수학 단원평가 학습지를 나눠주셨어요. 이번 단원은

우주가 가장 어려워하는 분수의 계산이 나왔어요. 우주는 걱정

돼서 마음이 무거워졌어요.

"최우주, 너 왜 안 풀어? 어려워?"

세랑이가 물어봤어요.

"어? 어……."

세랑이는 자랑스럽게 이미 다 푼 학습지를 우주에게 보여 주었

어요.

"벌써 다 했어?"

"응. 난 하나도 안 어려워. 넌 수학을 잘 못하니까 이것도 어려

운가 보다. 엄청 오래 걸리네."

세랑이가 하는 말에 우주는 살짝 속상했어요. 사실 수학을 좀

어려워하지만, 세랑이한테 그런 말을 들으니까 기분이 안 좋았

어요.

"세랑아……."

우주는 세랑이에게 무슨 말인가 해 주고 싶어졌습니다.

우주는 세랑이에게 어떤 말을 하려는 걸까요? 여러분이라면 세

랑이에게 어떤 말을 할까요?

감정 표현도
연습해야 한다

혹시 디즈니에서 만든 〈인사이드 아웃〉이란 애니메이션 영화를 보셨는지요? 주인공인 라일리는 어릴 때 기쁨, 슬픔, 소심함, 분노 같은 단순한 감정만 느낍니다. 그러다가 사춘기에 접어들면서 점점 단순하게 슬픔이나 기쁨만으로는 설명되지 않는 다양하고 복잡한 감정을 느끼게 됩니다.

이처럼 인간은 처음 태어났을 땐 쾌와 불쾌, 두 가지 감정만을 느끼지만, 시간이 흐를수록 감정이 다양하게 분화되어 간다고 합니다. 짜증, 설렘, 기분 좋음, 두근거림, 억울함, 분노, 슬픔, 이런 복잡하고 다양한 감정을 배우고 느끼게 됩니다.

모든 아이가 이런 과정을 거치면서 성인이 되기 때문에 감정이 부딪치고 갈등을 겪을 때 어떤 식으로 감정을 다루고 통제하느냐 하는 것은 인간관계에서 매우 중요한 부분일 수밖에 없습니다. 감정을 부드럽게 잘 표현하는 것은 아이들의 친구 관계에서 핵심이 됩니다.

요즘 아이들은 게임이나 유튜브 같은 시각적 매체의 영향을 어릴 때부터 강하게 받으면서 자랍니다. 게임이나 유튜브 영상을 제작하는 사람들은 대부분 어른이기에 짧은 순간에도 변화되는 감정의 정체를 이미 잘 알고 있습니다. 세세하게 표현할 필요 없이, 짤막하게 대충 적어도 어른이라면 영상제작자가 어떤 말을 하고 싶고, 어떤 감정인지 충분히 이해하기 때문입니다.

하지만 아이들은 다릅니다. 아이들에게는 감정을 이렇게 단순한 식으로 알려줘선 안 됩니다. 어린 새의 가슴이 볼록하게 올라왔다 내려갔다 할 때의 포근함, 막 감은 머리에서 나는 부드러운 샴푸 냄새, 엄마 손을 잡고 함께 걸어갈 때 느껴지는 편안함과 든든함, 오래 못 만났던 할머니를 명절에 만날 때의 두근거림, 이런 것들 모두 아이들에겐 말로, 소리로, 직접 표현해 봐야 하는 감정들입니다.

'깜놀, 헐, 대박, 짱나'라는 표현만 아는 아이와 이런 섬세한 감정의 표현을 아는 아이는 분명 다른 세상을 살아가지 않을까요. 특히, 몇 개의 단어로만 감정을 표현하는 것이 몸에 배면 상대의 감정을 읽는 데도 어려움을 느끼게 됩니다. 가정에서 자주 아이와 감정 표현에 관해 이야기를 나누셔야 합니다. 어렵게 생각하지 마시고, 일상생활에서 가볍고 쉽게 접근해 보세요.

💬 함께 연습해 볼까요

처음에 감정 표현이 어색하고 잘 모를 때는 힌트를 살짝 주셔도 좋습니다.

목욕한 다음

목욕하고 머리까지 말렸네. 지금 어떤 느낌이 들어?

간질간질해.

간질간질하다는 건 어떤 거야?

기분이 좋아.

이럴 때 몸도 나른하고, 마음도 좀 편해졌지? 이런 걸 편안하다고 해. 뭐라고 한다고? (감정 알려주기)

편안하다고 해. (아이 스스로 말해보기)

그래. 이런 느낌은 편안하고 행복한 거야. 엄마도 행복하고 편

안해. (감정 표현 되짚어서 정리하기)

재미없는 영화를 봤을 때

영화 어땠어?

어, 재미없었어.

그래. 엄마도 재미없었어. 중간에 졸리거나 딴생각이 들진 않았

어? (힌트 주기)

딴생각도 엄청 많이 하고, 중간에 나가고 싶고 그랬어. (좀 더 자

세하게 재미없었던 느낌 말해보기)

그래. 그런 느낌을 지루하다고 하는 거야. 뭐라고 한다고? (감정

설명해 주기)

지루하다고 해. (아이 입으로 다시 말해보게 하기)

그래. 지루한 거랑 재미없는 거랑은 조금 달라. 어때? 신기하

지? (감정 표현 정리하기)

아이와 연습해 보기

신난, 설레는, 당황스러운, 즐거운, 놀란, 지루한, 행복한, 재미

있는, 화난, 불쾌한, 불편한

08

물건을 허락 없이
가져갈 때

Q. 아이가 저학년인데요. 친구가 물건을 자꾸 말도 없이 가져다가 쓴
대요. 수업 시간에 지우개 가져가는 것은 예사고, 알림장이나 다른 물
건들도 아이에게 허락을 구하지 않고 가져간다고 하는데요. 이럴 땐
어떻게 말하도록 가르쳐 주는 게 좋을까요?

저학년을 담임했을 때 학부모에게 자주 들었던 질문입니다.
이런 고민을 하는 학부모님들이 생각보다 많답니다.

2학년을 담임했을 때 반에 야무지게 말을 잘하는 아이가 있
었습니다. 이따금 제가 없을 때 아이들의 다툼을 중재할 정도였
습니다. 하루는 이 아이가 다른 친구에게 이런 말을 가르쳐 줬
어요.

"지우개를 빌려주기 싫었으면 처음부터 빌려주기 싫다고 말했어야지. 너 안 그러면 다음에 또 빌려줘야 해. 그러니까 다음엔 '싫어, 안 빌려줄 거야.'라고 말해. 알겠지?"

다른 친구들이 무례하게 구는 일이 가끔 있어도 야무지게 대꾸하니, 누구도 이 아이를 함부로 대하는 일이 없었습니다. 그렇다고 해서 친구들이 무서워하거나 싫어하는 것도 아니었습니다. 해야 할 소리를 부드럽게 잘해서 오히려 짝꿍하고 싶은 친구, 같이 모둠활동을 하고 싶은 친구로 늘 꼽혔습니다.

이 아이가 친구에게 가르쳐 줬던 것처럼 자신을 지키기 위해서는 기본적으로 거부의 의사를 표현할 줄 알아야 합니다.

저학년 때 거절의 표현을 제대로 익혀 두지 않으면 나중에 고학년이 돼서도 이런 말을 잘 못합니다. 입에 배지 않은 말은 쉽게 나오지 않고, 한 번도 안 해 본 말이 어느 날 갑자기 튀어나올 리가 없습니다.

학부모는 아이 성격이 물러서 이런 일이 벌어진다고 여기지만, 제가 볼 땐 성격의 차이라기보다는 거부나 거절의 표현을 할 수 있느냐 없느냐의 차이로 보입니다.

상처 주는 아이를 위해

물건을 주인 허락 없이 가져가는 건 엄밀한 의미에선 도둑질입니다. 아무리 저학년이고 어리다고 해도 안 되는 건 안 되는 겁니다. 친구의 물건에 함부로 낙서하거나 던지고 장난을 쳐서 훼손하는 것도 일종의 폭력입니다. 이런 행동을 했을 경우는 곧바로 사과하고, 돌려주어야 합니다.

혹시라도 친구의 물건을 마음대로 가져온 걸 보셨다거나 마음대로 썼다는 말을 담임 교사에게 들었다면 이 부분만큼은 분명하게 주의를 주는 게 좋습니다. 작은 물건이라도 내 것이 아닌 걸 집으로 가져오는 순간, 그것은 물건을 훔치는 행위가 된다는 점을 명확하게 말해 주시고, 아무리 작은 것이어도 안 된다고 선을 그어주세요. 치약도 안 되고, 블록 하나도 안 됩니다. 가져왔다면 바로 돌려주고, 친구에게 사과하도록 지도하셔야 합니다.

부모가 혼내면 친구가 줬다면서 둘러대는 아이도 가끔 있는데요. 이 경우도 사실 여부를 정확하게 확인해 보는 게 좋습니다. 특히 거짓말로 둘러대면서 물건을 가져오는 일이 반복되는 경우는 무작정 혼낼 게 아니라 아이의 마음과 주변 상황을 더욱 세심히 살펴보시는 게 좋습니다. 아이 마음에 애정을 갈구하는 마음이 있거나 결핍이 있을 때가 많기 때문입니다.

"아무리 작은 물건이어도 친구 것을 집으로 가져오면 안 돼. 친구가 줬다고 해도 친구 엄마가 허락한 게 아니면 그것도 마찬가지야. 너도 그렇지만, 친구도 어려서 마음대로 물건을 주고받을 수 없어. 친구에게 사과하고, 바로 돌려줘."

상처받은 아이를 위해

아직 나이가 어린 아이들은 싫다는 표현을 하는 사람이 냉정함을 넘어서 나쁜 사람이라고까지 생각하는 경우가 많습니다. 실제로 원하지 않으면서도 친구에게 무언가를 내준 경우라면 '친구에게 싫다고 말했다가 나를 싫어하면 어떻게 하지? 그랬다가 나를 나쁜 사람이라고 생각하면 어떻게 하지?'라고 걱정하는 경우가 꽤 많답니다.

하지만 내 것을 내 것이라고 말하는 것은 나쁜 것도 아니고, 모진 것도 아닙니다. 내 걸 내 것이라고 분명하게 말하는 것일 뿐, 그게 내 인격이나 사람 됨됨이와는 관련이 없는 것이니까요. 이 부분을 확실하게 짚어주셔야 거절의 표현을 못 하는 아이들이 목소리를 내게 됩니다. 이 부분을 지도해 주지 않으면 자칫 내 것과 남의 것 사이의 경계를 명확하게 하기 어렵습니다. 가진 걸 다 퍼 주고도 고맙다는 소리 한 번 못 듣고, 남이 내 물건에 손을 대도 싫다는 표현을 못 하는 아이가 되지요. 내 물건을 다른 친구가 허락받고 사용하는 건 당연한 건데, 그걸 걱정하고 있는 것 자체가 상당히 모순된 것이라는 걸 아이도 부모도 정확하게 인식하고 알려 주셔야 합니다.

"네가 빌려준 게 아닌데 마음대로 가져간다면, 그렇게 하지 말라고 분명하게 말해줘. 그렇지 않으면 네가 허락했다고 친구가 착각할 수도 있어. 손대지 말라고 분명하게 말해. 이건 내 거니까 가져가지 말라고. 그건 나쁜 것도 아니고, 냉정하고 모진 것도 아니야. 그냥 네 거니까, 네 거라고 말하는 것뿐이야."

나: 그거 내 건데…….(말끝을 흐리면서 말한다)

친구: 그래서 뭐? 잠깐만 쓰고 줄게. (쓴 다음 돌려주지 않는다)

🌀 공격

나: 왜 만져? 그거 내 거라고! (화를 내면서 소리 지른다)

✅ 대응

나: 그거 내 연필이야.

허락 없이 내 걸 써서 기분이 안 좋아. (내 감정 설명하기)

앞으로는 나한테 허락을 구한 다음에 써. (원하는 것 말하기)

💬 함께 연습해 볼까요

미술 시간이 되었어요. 미술은 우주가 가장 좋아하는 과목이에
요. 우주는 전에 미술 대회에 나가서 상을 받은 적도 있거든요.
"와, 최우주 이거 네 거냐?"
명환의 눈이 휘둥그레졌어요. 우주가 펼친 색연필은 48색인데
다가 프랑스에서 삼촌이 사다 주신 거거든요.
"어."

우주가 짧게 대답했어요. 명환이가 색연필 중에서 황금색 색연필을 덥석 집었어요.

"그럼 나 이거 써도 돼?"

명환이가 잡은 황금색 색연필은 유난히 반짝거리는 거라서 우주도 아껴 쓰는 귀한 거예요. 우주는 순간 무슨 말을 해야 할지 고민했어요.

"뭐야, 아무 말도 안 하면 나 이거 쓴다."

우주는 명환이에게 무슨 말을 해야 할까요. 여러분이 우주라면 무슨 말을 하고 싶나요?

09

수업 시간에
친구가 떠들 때

Q. 친구가 수업 시간에 자꾸 떠들고 시끄럽게 한대요. 수업에 방해가 된다는데, 어떻게 말하도록 지도해 주는 게 좋을까요?

헌법 제31조
모든 국민은 능력에 따라 균등하게 교육받을 권리를 가진다.

아이들이 교육받을 수 있는 권리를 헌법에서 보장할 정도로 귀하게 여기는 겁니다. 바꿔 말하면 모든 아이에게 마음껏 공부하고 배움을 즐길 수 있는 권리, 오롯이 학습에 몰입할 수 있는 법적 권리가 있다는 뜻이기도 합니다. 그걸 누군가 떠들고 장난쳐서 방해한다면 그건 아이들의 학습권을 침해하는 셈입니다.

아이가 아무리 어려도 함께 공부하는 친구들을 위해서 수업에 최선을 다해 참여해야 하며, 이것은 나 자신을 위한 것인 동시에 모두를 위한 것이라고 가르쳐 주셔야 합니다. 설사 수업이 지루하다고 해서 다른 친구가 배우고 있는 것을 방해하는 행위가 정당한 것도 아니거니와 그런 행위에 대해서 대수롭지 않게 생각해선 안 된단 뜻입니다.

아이에게는 수업에 잘 참여하고 친구들과 함께하는 배움의 시간을 즐기는 것이 여러 가지로 귀한 경험이 됩니다. 수업에 잘 참여하고 학습을 적극적으로 하는 것만으로도 아이는 학습 자존감이 높아지고, 학업에 대한 성취감도 맛볼 수 있습니다.

이걸 심리학에서는 자기효능감(self-efficacy)이라고 부릅니다. 과제를 해낼 수 있다고, 자기 능력에 대해서 스스로 갖는 믿음입니다. 자기효능감이 높은 아이는 상급 학교에 진학했을 때 다소 어려운 학습 내용을 만나도 도전하려는 용기를 냅니다. 꾸준히 노력하고 도전하면서 점점 더 어려운 내용의 학업도 거뜬히 해내는 아이로 자랍니다. 자기효능감이 초등학교 시절에 적극적으로 수업을 참여하는 것부터 시작된다는 것을 꼭 기억해야겠지요.

이전에 출간한 공부법 책인 〈엄마와 보내는 20분이 가장 소중합니다〉에서도 이야기했지만, 초등학생의 집중력은 우리가 생각하는 것보다도 훨씬 짧습니다. 전문가들은 초등학생의 집중력이 15분 내외라고 말하지만, 실제로 교실에서 아이들을 가르치는 제 주변의 교사들은 다르게 말합니다. "초등학생이 15분이나 집중한다고요? 에이, 말도 안 돼요. 그보다 훨씬 짧아요. 5분? 길면 10분?"이라고 대답하지요.

가뜩이나 집중하는 시간도 짧은데, 옆에서 떠들고 장난치는 친구가 있다면 공부는 안드로메다(?)로 가 버리겠죠. 혼자만 수업하는 게 아니라 친구들과 함께 공부하고 있다는 점에서, 수업 시간에 자주 떠들고 장난치는 아이라면 가정에서 적절히 지도해 주셔야 하고, 친구가 옆에서 자꾸 떠들면서 말을 시키는 경우라면 부드럽게 선을 긋는 식으로 지도해 말할 수 있도록 도와 주시는 게 좋습니다.

상처 주는 아이를 위해

담임 교사는 아이의 수업 태도와 학습 습관에 대해서 누구보다도 객관적으로 알고 있습니다. 담임 교사가 아이가 수업 시간에 자주 떠드는 편이라는 이야기를 했다면, 가볍게 여기지 마시고, 가정에서 단단히 지도해 주고 담임 교사와 긴밀히 상의해 나가는 게 좋습니다.

한두 번 잔소리한다고 해서 아이의 행동이 곧바로 달라지는 것은 아니니, 담임 교사와 꾸준히 연락을 취해서 아이의 태도를 살펴보는 게 좋겠지요.

"수업 시간에는 열심히 배우는 게 당연한 거고, 그게 바른 행동이야. 네가 떠들고 장난치면 친구들에게 방해가 돼. 그런 행동은 친구에게도 좋지 않고, 너에게도 좋지 않아. 잘 배우고 싶다면 반드시 주의 깊게 선생님의 말씀을 들어야 해. 앞으로도 엄마가 선생님과 꾸준히 연락하면서 이야기를 들어볼 거야."

상처받은 아이를 위해

친구가 떠들고 장난쳐서 수업을 방해했다면 하지 말라는 의사를 표시하는 것이 오히려 적절합니다. 다만, 친구가 떠들고 장난쳤다고 해서 그 친구를 인격적으로 무시해도 되는 건 아닙니다. 이런 표현을 할 때도 객관적으로 딱 해야 할 말만 하는 게 좋습니다. 길게 잔소리한다거나 화를 낼 게 아니라, 할 말만 하는 것이죠.

아이의 학습을 지도하고 가르치는 것은 교사에게 주어진 책무입니다. 교사가 나서서 지도해야 할 부분이라면 교사가 지도하면 됩니다. 아이가 몇 번 말해도 친구가 달라지지 않는 것 같으면 그때는 담임 교사에게 도움을 요청하도록 지도해 주는 게 좋습니다.

친구: 수업 시간에 시끄럽게 떠들고 있다.

💬 회피

나: ……. (애써 무시한다)

(흘겨보거나 모른 척한다)

⊗ 공격

나: 야, 내가 시끄럽다고 했지? 조용히 하라고! (소리치거나 욕을 한다)

✅ 대응

나: 네가 큰 소리로 말하니까, 집중이 안 돼. (상황 진술하기)

조용히 해 줘. (원하는 것 말하기)

계속 그러면 선생님에게 말할 거야. (다음 상황 예측하도록 말해 주기)

명환이와 상현이는 짝꿍이에요. 우주와 세랑이 앞에 앉아 있고요.

"야, 왜 또 뒤를 돌아봐. 빨리 앞을 봐."

세랑이가 오늘도 잔소리해요. 명환이와 상현이는 떠들다가 꼭 우주를 돌아보면서 말을 시키거든요.

"네가 무슨 상관인데. 나는 우주랑 이야기하고 싶은 거야. 너 말고."

상현이가 세랑이에게 말했어요.

"그러니까, 그 이야기를 왜 수업 시간에 하냐고. 나중에 해. 수업이나 잘 들어."

"지난번에도 선생님께 우리까지 같이 혼났잖아. 빨리 앞을 보라고."

세랑이가 목소리를 조금 더 높였어요. 하지만 명환이도 부득부득 우겨 댔죠.

"우주는 아무 말 안 하는데, 왜 네가 상관이야. 우주야, 괜찮지? 넌 우리랑 수업 시간에 떠드는 거 좋아하지?"

우주는 명환이에게 무슨 말을 하고 싶을까요. 여러분이라면 어떤 말을 해 주고 싶나요?

10

착한 아이
증후군

"선생님, 저는 어릴 때 착한 아이로만 살았습니다. 부모님이 하라는 대로만 했고요, 부모님이 하지 말라고 하면 하고 싶어도 꾹 참고 안 했어요. 공부가 하기 싫어도 싫은 내색 한 번 하지 않았어요. 성인이 된 다음에는 회사에서도 제가 하기 싫은 일이어도 그냥 참고 다 했어요. 억울하고 호구가 된 기분이 들 때도 많았죠. 요즘 가장 힘든 건 제 아이를 볼 때예요. 저도 다른 아이에게 피해 보는 일이 많았거든요. 아이가 옛날의 저처럼 친구가 하라는 대로 싫다는 소리 한 번 못 하고 당하기만 하는 걸 보면 정말 속 터져요."

최근에 상담했던 어느 학폭 피해 학생의 어머니가 하셨던 말씀입니다. 착한 아이로 사느라 싫다는 말 한 번 해본 적 없이 살았다던 이야기보다 자녀가 꼭 자신을 닮은 것 같다는 말이 저한테는 더 인상적으로 들렸습니다.

타인을 위해서 자신의 감정을 늘 억누르면서 살다 보면 이 어머니처럼 자신도 모르게 남의 기대에 부응하기 위해 마냥 착하고 친절한 사람으로만 살게 됩니다. 자신이 원하든 원치 않든 말입니다. 심리학자들은 이를 '착한 아이 증후군'[1]이라고 부릅니다.

전문가의 말에 따르면 착한 사람과 착한 아이 증후군인 사람의 차이는 행동의 동기라고 합니다. 순수하게 남을 위해서 착한 일을 하는 사람이 있는가 하면 '타인이 나를 어떻게 볼까?'하는 것을 염두에 두고 착한 일을 하는 사람이 있다는 겁니다. 순수한 동기에서 우러나온 착한 일이 아니라 남이 나를 뭐라고 볼지 걱정돼서 하는 착한 일이라니, 어쩌면 안 하느니만 못한 게 아닐까 싶기도 합니다. 나 자신에게도 정직하지 못한 채로 살아가야 하니까요. 타인의 기준에만 맞추어 살아가다 보면 내 안의 목소리는 점점 작아집니다.

안타까운 일이지만, 한국 사회에선 여성들이 착한 아이 증후군에 걸리는 경우가 많습니다. K-장녀라는 말이 농담처럼 이야기되는 사회 분위기를 생각하면 한결 쉽게 이해되시겠지요.

문제는 아이들입니다. 부모가 착한 아이 증후군일 경우에는 아이도 닮을 확률이 높습니다. 부모의 사회성이나 성품 등은 아이에게 자연스레 환경으로 학습될 수 있기 때문입니다. 아무리 싫어도 싫다는 소리 한 번 못 하고, 억울해도 참고 참다가 손써 볼 겨를도 없이 학폭의 피해자가 되거나 하는 경우들입니다. 부모의 입장으로 보자면 억장이 무너지고 속이 터지지요.

그렇게 되지 않으려면 부정적인 감정과 긍정적인 감정을 모두 부드럽게 경험하도록 이야기해 주셔야 합니다. 분노가 아이의 가슴에 차곡차곡 쌓이는 것보다 눈물을 흘리면서 엉엉 울고 털어 내는 쪽이 낫습니다. 억울하다는 말을 못 하고 씩씩대는 것보다 나 화났다고, 속상하고 억울하다고 말하는 게 낫습니다.

부정적인 감정을 느끼는 상황에서 자칫 죄책감을 느끼면 거부의 표현, 거절의 표현을 입 밖으로 꺼내지 못하게 됩니다. 부정적인 감정인 우울과 분노를 다루지 못하면 어떻게 표현할지 몰라서 가슴에 쌓아 두게 됩니다. 그러다가 결국엔 신체적인 증상으로 표출이 되는 것이지요.

미국정신의학협회에서 펴내는 정신질환과 진단 통계 관련 책에는 화병이라는 말이 한국식 영어로 표기돼 있다고 합니다. 화병을, 'hwa-byung'이라고 적고, 한국과 그 외 유교 문화

권 나라들에서 발견되는 '감정표현불능증'이며, 우울과 분노 같은 감정이 쌓여서 나타나는 증상이라고 말입니다.

착한 아이 증후군도 비슷합니다. 사람들 앞에선 화 한 번 못 내고, 늘 착한 사람으로 살게 되지요. 화를 낼 상황에서도 화를 내지 못하고 혼자서만 끙끙 앓습니다.

부정적인 감정도 긍정적인 감정도 모두 필요하고 소중한 감정들이라는 점, 꼭 주의해서 지도해 주세요. 긍정적인 감정처럼 부정적인 감정도 인간이 살아가려면 꼭 필요한 것입니다. 그렇지 않다면 왜 인간에게 분노와 화, 슬픔과 억울함, 이런 감정들이 있겠습니까. 음이 있다면 양도 있어야 하고, 그늘이 있어야 햇볕도 있는 것입니다.

아이에게 부정적인 감정도 긍정적인 감정만큼이나 중요한 것이며, 싫다는 말은 좋다는 말만큼이나 가치 있는 것이라고 이야기해 주세요. 하기 싫은 것은 싫다고 말하되, 친구에게 상처 주지 않게 부드럽게 말하라고 가르쳐 주세요. 자주 설명해 주시고, 자주 이야기해 주어야 아이도 긍정적인 감정이든 부정적인 감정이든 모두 가치 있다고 내면화할 수 있습니다.

그날 학폭위가 열리지 않은 이유

수십 명에서 수백 명까지 다양한 아이들이 모인 만큼 학교에
선 별의별 일이 다 벌어집니다. 모여서 담배 피우다가 걸린 아
이, 팬티만 입은 사진을 공유한 아이, 다른 학교에 가서 패싸
움하는 아이, 단톡방에서 욕설과 뒷담화를 하다가 걸린 아이,
입이 아플 정도로 다양한 사례들이 있습니다.

　한 번은 우리 학교 아이들 여럿이 옆 학교 아이들과 함께
그 학교 아이 하나를 놀리고 괴롭힌 일이 있었습니다. 이렇게
두 학교가 얽힌 경우는 공동학폭위원회를 열어서 처리해야 합
니다. 그런데 우리 학교 아이들은 학폭위를 열지 않았습니다.
오히려 옆 학교의 피해 학생 학부모가 '그 학교(우리 학교)에서
한 것과 똑같이 해달라'하고 해당 학교에 요구했습니다.

　왜 그랬을까요? 이 경우, 부모들과 피해를 준 아이들이 진
심으로 사과할 기회가 있었습니다. 학폭위 개최 여부를 떠나

서 피해 학생에게 사과할 기회를 달라고 부모들이 말했는데, 피해 학생 측에서 이를 받아들였습니다. 진심으로 뉘우치면서 잘못을 인정하고 용서해달라고 말하는 부모들의 눈물 앞에서 피해 학생 학부모 마음이 누그러졌기 때문이었습니다.

진심을 담은 말은 그렇게나 힘이 셉니다. 이건 너무 중요해서 백번쯤 강조하고 싶습니다. 진심을 담아, 아무 조건 없이 미안하다고 말하는 것이 사과입니다.

아이들은 누구나 자라면서 실수도 하고 사고도 칩니다. 저도 그랬고, 아마 이 책을 읽는 독자들도 똑같이 그랬을 겁니다. 누구나 실수도 하고, 잘못도 하고, 때론 나쁜 짓도 할 수 있지만, 사과는 아무나 하는 게 아닙니다. 사과도 배워야 할 수 있는 거라고 저는 생각합니다. 부모의 진심을 담은 사과는 아이에게 본보기가 되고, 부모가 사과하면서 고개 숙이는 모습을 본 아이는 그나마 올곧게 자랄 여지가 있습니다.

저는 이 경우 말고도 피해 학부모가 학폭위를 열 수 있음에도 열지 않겠다고 말한 경우를 많이 봤습니다. 모두 가해 학생과 학부모가 마음을 담아 진심으로 사과할 때였습니다. 피해 학부모가 '저도 똑같이 자식 키우는 부모이니, 이해하고 넘어가겠습니다. 앞으로가 더 중요하니, 함께 노력합시다.'라고 말하는 모습을 볼 때마다 많은 생각이 들었습니다. 진심을 담은 사과의 말 한마디가 섭네기만 요란한 백 미디 변명보다 낫다는 생각도 들었고요.

자식 키우는 부모 마음은 다 같습니다. 피해받는 것도 싫고, 피해 주는 일도 없길 기대합니다. 저도 그렇고, 독자들도 그러실 겁니다. 그렇다면 우리 아이가 잘못한 상황에서 어떤 식으로 말해야 할지도 가르쳐 주셔야 합니다. 마음을 담아서 그 아이가 얼마나 아팠을지, 괴로웠을지, 깊이 생각해 보게 하시고, 그에 맞는 사과를 할 수 있도록 지도해 주세요. 그래야 나와 생각이 다른 여럿이 함께 있는 상황에서 즐겁고 안전하게 어울려 살아갈 수 있답니다.

가끔 아이들끼리 싸운 다음, 이렇게 말하는 아이들이 있습니다.

"미안해. 네가 먼저 기분 나쁘게 해서 내가 때렸어. 다음엔 그러지 마."

네가 기분 나쁘게 해서(원인 제공)

내가 때렸어. (결과)

이 말에는 다음에도 네가 기분 나쁘게 한다면 난 또 때릴 거라는 뜻이 들어 있습니다. 그런데 기분 나쁘면 때려도 되는 걸까요. 세상 누구에게도 다른 사람을 때릴 권리는 없습니다. 이건 아이뿐 아니라 부모나 선생도 마찬가지입니다.

대신 이렇게 말해보면 어떨까요.

"미안해. 내가 널 때려서 아팠지? 널 아프게 해서 정말로 미안해."

사과는 이렇듯 아무 조건 없이 미안하다고 말하는 것입니다. 곰곰이 생각해 보면 알 수 있습니다. 정말 미안하다면 아무 조건이나 단서 없이 그냥 미안하지, 이러저러해서 미안하진 않습니다. 사과할 땐 그저 깔끔하고 담백하게 미안하다고 말하도록 가르쳐 주세요. 그래야 양쪽 아이 모두의 마음에 앙금이 남지 않는답니다.

11

모둠활동에서
자기 마음대로 할 때

Q. 모둠활동에서 제 아이의 의견은 무시하고, 자기 마음대로만 하려는 아이가 있대요. 그렇다고 선생님께 모둠을 바꿔 달라고 말하는 건 싫다고 하는데, 이럴 땐 어떻게 말해 줘야 할까요?

2022개정교육과정에서는 학생들이 길러야 할 여섯 가지 핵심역량을 제시했습니다. 그중 하나가 협력적 소통역량입니다.

협력적 소통역량: 다른 사람의 관점을 존중하고 경청하는 가운데, 자신의 생각과 감정을 효과적으로 표현하며, 상호협력적인 관계에서 공동의 목적을 구현하는 걸 말합니다.[2]

쉽게 말하면 '다른 사람 의견을 존중하고 경청해라, 내 생각과 감정을 효과적으로 표현해라, 함께 협력해서 공동의 목적을 달성하라'는 것입니다.

여기서 내 생각과 감정을 잘 표현하라는 것보다 다른 사람의 의견을 존중하고 경청하는 것이 먼저 서술되었다는 것에 주목하셔야 합니다. 먼저 남을 존중해야 나도 존중받는다는 뜻이기도 합니다. 수많은 교육전문가가 모여서 만드는 교육과정에서조차 남을 존중하는 것이 먼저라고 강조하고 있는 것입니다.

앞으로의 수업은 다른 사람의 의견을 잘 경청하고 존중하는 것이 강조될 수밖에 없습니다. 이걸 학생들이 수업에서 경험할 수 있는 가장 대표적인 형태가 모둠활동입니다. 서로 다른 구성원들이 함께 하나의 모둠을 구성하고, 이 안에서 함께 협력해서 협의하고 의견을 모으는 식이지요.

가끔 선생님이 모둠을 어떻게 정하는지 궁금하다고 말씀하시는 학부모님도 있는데요. 교사가 모둠을 정할 때는 여러 가지 요소를 고려합니다. 저는 모둠을 짤 때마다 공부 잘하는 아이와 못하는 아이 고루 섞이도록, 내향적인 아이와 외향적인 아이가 고루 섞이도록, 수학 좋아하는 아이와 국어 좋아하는 아이, 체육 좋아하는 아이가 고루 섞이도록, 친한 아이와 안 친한 아이가 고루 섞이도록, 전에 앉아본 아이와 안 앉아본 아이가 고루 섞이도록, 모든 경우의 수를 고려했었습니다.

교사가 모둠을 짜면서 아무리 여러 요소를 고려한다고 해도 막상 모둠활동을 하게 되면 자기 마음에 드는 아이가 있고, 안 드는 아이가 있습니다. 이건 어쩔 수 없습니다. 백 번 짜면 백 번 다 그렇습니다. 제 경우는 아이들끼리 원하는 대로 짜라고 해도 마찬가지였습니다. 좋아하는 친구하고만 같은 모둠을 하고, 매번 짝꿍을 하면 너무나 좋겠지만, 그건 내 바람일 뿐 그렇게 안 될 때가 훨씬 많답니다.

성인은 사회에서 마음에 안 드는 사람을 만나는 일이 너무나 흔합니다. 커피숍에 가도, 엄마들 모임에 가도, 회사에서도 그렇습니다. 맘에 안 드는 사람을 만나면 어떻게 하시나요? 주변에 뜻이 안 맞는 사람이 있다고 해도 번번이 싸우지는 않습니다. 그냥 나와 다른 사람이라 여기고 그러려니 생각할 때가 많지요.

아이들도 나와 생각과 성향이 다른 사람을 만나는 연습을 해야 합니다. 다양한 사람과 어울리는 걸 연습하고, 부딪쳐도 보고, 싸워도 보고 하는 것이죠. 그곳이 바로 학교고, 학급이고, 모둠입니다. 교실에서 모둠활동을 하지 않는다면 아이는 친구들의 다양한 의견을 직접 듣고, 조율하고 부딪치는 경험을 하기 어려울 겁니다.

이런 차원에서 생각해 본다면 모둠에서 맘에 안 드는 친구가 있을 때도 어떻게 말해 줘야 할지 답을 얻을 수 있습니다. 어떤 친구를 만나도 좋은 경험이고 배움이라고 이야기해 줄 수 있겠지요. 장기적으로 봤을 때는 학교생활을 하면서 앞으로도 수없이 많은 친구를 만나고 부딪치고 경험해야 할 테니까요.

물론 어떤 경우라도 나를 무시하거나 인격적으로 모독해서는 안 됩니다. 이건 반드시 선을 그어서 경계를 세워야 하고, 경계를 넘는 경우라면 마음이 안 좋다는 의사 표시를 분명하게 해야 합니다.

상처 주는 아이를 위해

모둠활동은 모두의 의견을 모으기 위한 것인 만큼 모두에게 똑같은 기회가 주어져야 하고, 그것은 잘하는 아이, 못하는 아이 상관없이 공평한 것이어야 합니다. 그렇지 않으면 함께 어울려 공부하기도 힘들 뿐더러 친구들도 좋아하지 않는답니다.

"네 의견이 항상 옳지는 않아. 엄마나 선생님도 틀릴 때가 있고, 실수할 때도 있어. 너도 그래. 친구들의 의견이 틀렸고 말이 안 되더라도 나와 다른 사람의 의견을 듣는 자체만으로도 의미가 있는 거야. 친구들의 의견도 네 의견만큼이나 소중해."

상처 받은 아이를 위해

주장이 센 친구가 모둠에 있어서 다른 아이들의 의견을 자주 무시하면 그 모둠의 다른 아이들이 모두 힘들어합니다. 비단 내 아이만 그런 게 아니라 대부분 아이가 그렇다는 걸 이야기해 주면서 그런 마음을 살펴주고, 존중해 주는 게 좋습니다.

그다음에 어떻게 반응하면 좋을지를 가르쳐야 아이가 소심해지거나 위축되지 않으면서도 자기가 하고 싶은 말을 부드럽게 할 수 있습니다.

친구: 이거 글씨 내가 쓸게. (아이들이 서로 하고 싶어 하지만, 자기 혼자 도맡아 하려고 한다)

💬 회피

나: 알았어. 네가 해. (양보하기 싫지만, 양보해버린다)

✴ 공격

나: 야, 왜 맨날 너만 해? 너 너무 이기적인 거 아니야? (화를 내거나 욕하면서 소리 지른다)

✅ 대응

나: 지난번에도 네가 (제목 쓰는 거) 했잖아?

친구들도 다 하고 싶어 해. 너만 하는 건 좀 아닌 것 같아. (부드럽게 선 긋기)

돌아가면서 한 번씩 하자. (원하는 것 말하기)

💬 함께 연습해 볼까요

상황: 모둠활동 시간이에요. 우주네 모둠은 명환이, 세랑이, 우주, 상현이 넷이에요. 선생님은 이번 시간에 '아이들이 만드는

보드게임'이란 주제로 보드게임을 직접 만들어 보라는 과제를
줬어요.

"와, 보드게임을 직접 만들어 보래. 재밌겠다."

세랑이가 박수하면서 좋아했어요. "글씨는 내가 쓸게."

세랑이는 벌써 검은색 매직을 손에 쥐고 있었어요.

"왜? 지난번에도 제목 쓰는 거 네가 했잖아. 나도 할래."

상현이가 세랑이 매직을 뺏었어요. 큼지막한 글씨로 제목을 쓰
는 건 쉬우면서도 재미있어서 아이들이 가장 좋아하는 거예요.
서로 하고 싶어 하는 일이죠. 사실 우주도 이번엔 글씨를 써보
고 싶었어요.

"넌 글씨 못 쓰잖아. 우주야, 네가 말해 봐. 글씨 못 쓰는 김상현
이 쓰는 게 낫겠어, 아니면 항상 글씨를 써온 내가 쓰는 게 낫겠
어?"

상현이, 그리고 상현이와 친한 명환이는 동시에 우주를 쳐다봤
어요. 물론 세랑이도 우주를 쳐다봤죠.

우주가 말했어요.

"어, 음……."

우주는 친구들에게 무슨 말을 하려는 걸까요? 여러분이 우주라
면 무슨 말을 하고 싶나요?

12

칼이나 가위처럼
위험한 물건을 휘두를 때

Q. 교실에서 칼이나 가위처럼 위험한 물건을 휘두른 아이가 있어요.
이 친구가 무서워서 다른 친구들은 아무 말도 못 했대요. 위험한 물건
을 가지고 있는 친구에게 어떻게 말해야 할까요?

학교가 아이를 위해서 해야 하는 가장 중요한 일이 무엇일까
하고 생각해 본 적이 있습니다. 미래 교육도 좋고, 디지털교과서
도 좋고, 외국어교육도 좋지만, 무엇보다 앞서는 것이 있습니다.
바로 아이에게 건강하고 안전한 배움의 공간이 되어 주는 것입
니다. 기본적으로 학교가 안전하고 건강한 공간이어야만 학생도
마음 편히 배움에 전념할 수 있기 때문입니다.

건강하고 안전하게 학교에 다니려면 크게 두 가지 안전이 확

보돼야 합니다. 하나는 신체적 안전이고, 또 하나는 심리적 안전입니다. 신체적 안전은 위험한 상황에 아이가 노출되지 않는 것을 의미합니다. 위험하고 청결하지 않은 환경에 놓이지 않아야 하고, 아이의 신변과 건강이 안전해야 합니다. 심리적 안전은 주변에 아이를 위협하는 무섭거나 두려운 환경이 만들어지지 않는 것을 말합니다. 마음이 편안하고, 심리적으로도 안정적인 상태가 되는 것이지요. 이 두 가지 안전이 모두 확보돼야만 아이가 편안하게 공부할 수 있습니다.

모두에게 안전한 교실이 되기 위해서는 아이들이 위험한 물건을 소지하는 것도 안 되고, 위험한 물건으로 장난치는 것도 안 됩니다. 혹시라도 비슷한 일이 있다면 곧바로 담임 교사와 상의해야 합니다. 이때도 구체적이고 정확하게 피해 사실을 말해야 합니다. 그래야 교사가 적절하게 지도할 수 있습니다.

아울러 한 가지 더 알아두셔야 하는 게 있습니다. 2023년 12월에 대한민국 모든 학교에서 교육부 고시안을 근거로 학생생활규정을 개정했습니다. 이제는 학생이 위험한 물건(라이터 등)을 소지한 경우는 교사가 물품을 보관할 수 있으며, 친구나 교원을 위협하는 경우라면 물리적으로 제지할 수도 있습니다.

이제 대한민국 학생이라면 초, 중, 고 상관없이 누구나 이 규정을 따라야 합니다. 학생이 맘대로 위험한 물건을 소지해서도 안 되고, 교사가 가져간다고 해서 이의를 제기할 수도 없단 뜻입니다.

칼이나 가위 같은 물건은 학생들이 자주 사용하는 학용품이지만, 잘못 휘둘렀다가는 많은 아이가 위험합니다.

꽤 오래전에 미술 시간에 화가 났다고 들고 있던 가위로 옆 짝꿍의 귀를 찍어 버린 다른 반 학생을 본 적이 있습니다. 끝이 둥근 아동용 가위여서 다행히 피해 학생이 크게 다치진 않았지만, 담임선생님도 친구들도 얼마나 놀랐는지 모릅니다.

이런 일이 벌어지지 않으려면 아이가 어릴 때부터 어떤 물건이든 던지거나 휘두르지 못하도록 지도해야 하고, 가정에서도 물건을 던지는 행동에 대해서는 분명하게 지도를 해 주시기 바랍니다.

상처 주는 아이를 위해

가위나 칼은 설사 문구용이라고 해도 자칫 친구에게 큰 상처를 입힐 수 있습니다. 절대 휘두르거나 던져서는 안 됩니다. 이 부분은 수십 번 수백 번 강조해서 지도해 주시고, 혹시라도 그런 행동을 했다면 따끔하게 야단치는게 좋습니다.

"누가 너를 가위나 칼로 찌르면 넌 어떨 것 같니? 아프고 피나고 화나겠지? 네 친구도 그래. 네가 가위나 칼을 던진다면 친구에게 상처를 크게 입힐 수 있어. 그 친구는 너 때문에 피 나고 아프고 화날 거야. 친구에게 피해를 줘선 절대 안 돼."

상처받은 아이를 위해

친구가 칼이나 가위를 휘두른다면 아이의 신변과 안전에 위협이 되는 상황입니다. 아이의 안전은 아무리 강조해도 지나치지 않습니다. 그런 행동을 한 친구가 있다면 그 자리에서 하지 말라고 분명하게 힘주어 말하고, 담임 교사에게 곧바로 사실을 말하도록 지도해 주세요.

친구: 가위를 휘두르면서 장난친다.

회피

나: ……. (하지 말라고 말하고 싶지만, 자신이 없어서 말을 흐린다)

공격

나: 야, 뭐 하는 거야. 너 그러다가 죽는다? (욕하거나 소리 지른다)

대응

나: 그러지 마. 위험하잖아. (신변에 위협이 되므로 되도록 짧게 문제 상황만 말한다)

선생님에게 말할 거야. (교사에게 도움 요청하기)

13

친구가
새치기할 때

Q. 화장실에 갔는데, 자꾸 새치기하는 친구가 있대요. 뭐라고 말도 못
하고 그냥 왔다더라고요. 번번이 그런다는데 어떻게 말하도록 가르쳐
주면 좋을까요?

아이들에게 쉬는 시간은 몹시도 소중합니다. 수업 시간은
40분, 쉬는 시간은 10분, 참 짧죠. 이 짧은 시간에 다음 수업도
준비해야 하고, 화장실도 다녀와야 하고, 물도 마셔야 하고, 친
구들이랑 수다도 떨어야 하니, 바쁠 수밖에 없지요. 몇 칸 없
는 화장실이 아이들로 북적대는 건 너무나 당연합니다.

이때 줄을 서지 않고 질서를 무시하는 친구가 있다면 잘
지키는 아이가 억울한 마음이 들겠지요. 질서는 모두가 똑같

이 지켜야 의미가 있는 것이지, 누군 지키고 누군 안 지킨다면 지키는 아이가 오히려 피해를 볼 수 있으니까요.

만약 내 아이가 이런 행동을 했다는 말을 담임 교사나 아이 친구들에게 들었다면 아이에게 분명하게 주의를 줘야 합니다. 한두 번이면 몰라도 이런 행동을 반복하는 아이는 친구들에게 좋은 인상을 주기가 어렵습니다. 아이들의 세계에선 당연히 지켜야 할 약속을 혼자만 자꾸 어기기 때문입니다.

상처 주는 아이를 위해

학교는 가장 기초적인 사회화 기관인 만큼 급식실이든 화장실이든 강당이든 아무리 밀려도 줄을 서는 것은 아이들이 꼭 지켜야 할 약속입니다. 약속은 작은 것이라도 지키려 노력해야 합니다. 이런 태도가 몸에 밴 아이가 친구들과도 잘 지냅니다. 약속을 잘 지키도록 자주 잔소리하고, 반복해서 지도해 주세요.

"줄을 서는 건 너뿐만 아니라 다른 친구들 모두에게도 좋은 약속이야. 약속은 지키는 게 옳아. 줄서기라는 작은 약속을 안 지킨다면 나중에는 큰 약속도 못 지켜. 엄마는 네가 약속을 잘 지키는 사람이 되길 바란다."

평소 아이와 함께 식당이나 도서관, 카페 등 다양한 곳을 갔을 때도 부모가 먼저 말없이 줄 서는 시범을 보이는 게 좋습니다. 줄을 섰을 때도 말없이 묵묵히 서 있어야지, 투덜대거나 짜증을 내는 모습을 보인다면 줄을 서는 건 불편한 일이라고 생각할 겁니다. 그보다는 줄이 길어도 묵묵히 참고 기다리는 모습을 보여 주셔야 '규칙은 불편하고 짜증 나도 지켜야 하는 것이구나.' 하고 배웁니다.

상처받은 아이를 위해

줄을 안 서는 친구 때문에 피해를 본 아이라면 친구의 잘못된 행동에 대해서 부드럽게 선을 긋도록 말하기 연습을 해 주세요.

규칙을 어기는 것도 안 좋지만, 규칙을 안 지키는 아이를 보고 모른 척하는 것도 안 좋습니다. 전자의 경우는 남에게 피해를 주는 행동이고, 후자는 자신에게 떳떳하지 않은 느낌이 들 수 있기 때문입니다.

아이들은 어떤 것이 옳은 행동이고 옳지 않은 행동인지를 이미 알고 있습니다. 불편해도 줄을 서야 하고, 쉬는 시간에 소리 지르면서 교실을 뛰어다니는 것보다 조용히 놀아야 한다는 것을 굳이 말하지 않아도 알고 있습니다. 야단치거나 잔소리하지 않고 사실만 분명하게 말해도 아이가 할 말은 다 한 것입니다.

나머지는 학생들의 생활지도를 책임지고 있는 교사의 몫입니다. 한두 번 정도는 급해서 한 행동이라고 이해하고 넘어갈 수 있지만, 세 번 네 번 반복된다면 담임교사에게 알리는 게 좋습니다.

친구: 줄을 무시하고 새치기한다.

💬 회피

나: 어, 저……. (끝을 얼버무린다)

🎯 공격

나: 야, 줄 서야지. 뭐 하는 거야. 너 똑바로 줄 안 서? (화를 내면서 소리친다)

나: 어기가 줄이야. 다른 아이들도 줄 서 있잖아. (상황 설명)

너도 줄 서. 안 그러면 애들 다 불편해. (원하는 것 말하기)

💬 함께 연습해 볼까요

'와다다' 복도를 달려오는 소리가 들렸어요. 명환이와 재우, 상현이예요. 우주는 한쪽으로 비켜섰어요. 명환이가 우주의 어깨를 툭 밀치고 갔어요. 우주가 맨 앞이었거든요.

"나 먼저 갈게."

우주가 미처 뭐라고 말하기도 전에 우주 뒤에 있던 지훈이가 말했어요.

"야, 우리 뒤에 다 줄 서 있잖아. 뭐 하는 거야."

"너도 그럼 줄 서지 마."

재우가 킥킥거리면서 말했어요.

"맞아. 지훈이 네가 맨 앞도 아니잖아."

상현이도 거들었죠.

"우주도 가만히 있는데, 네가 왜 나서. 야, 최우주. 넌 괜찮지?"

명환이가 우주를 보면서 말했어요.

우주는 명환이에게 무슨 말을 해야 할지 잠시 생각했다가 마침

내 입을 열었어요.

"어, 그러니까……."

우주는 무슨 말을 하려는 걸까요? 여러분이 우주라면 무슨 말

을 하고 싶나요?

14

이유 없이
친구가 때릴 때

Q. 친구 중에 이유 없이 때리는 애가 있어요. 번번이 아무 말도 못 하고 그냥 오는데, 어떻게 해야 할지 모르겠어요. 너무 속상해요.

2학년 담임이었을 때 일입니다. 남자아이인데, 거의 매일 친구를 때리던 아이가 있었습니다. 입학식하고 나오는 1학년 아이를 때려서 코피를 터뜨렸으니 말 다 했죠. 복도에서 어깨를 치고 가는 아이, 축구를 하다가 부딪친 아이, 모둠활동 할 때 기분 나쁘게 한 아이 등등을 때렸습니다. 이 아이의 기분을 상하게 했으니까요.

그때 저는 아이를 이렇게 지도했습니다.

"누굴 때리고 싶어지거든 한 번만 꾹 참고 선생님에게 오

91

렴. 네가 말 대신 주먹으로 해결하려 한다면 선생님은 지금처럼 앞으로도 똑같이 야단칠 거야. 부모님도 학교에 또 오셔야해. 네가 때린 아이에게 사과하는 일도 지금과 똑같이 반복될거야. 하지만 때리지 않고, 선생님에게 온다면 내가 너를 대신해서 네가 하고 싶었던 말을 해줄게."

물론 한 번에 달라지진 않았습니다. 하지만, 해당 아이의학부모와 여러 차례 상담하면서 저도 아이도 학부모도 함께노력했습니다. 여러 우여곡절을 겪으면서 아이는 두 달 만에변화되었습니다. 억울하거나 분하다고 해서 친구들을 때리지않았고, 할 말이 있다면 주먹이 아닌 말로 하게 되었지요.

학년말에 부모님 두 분이 같이 교실로 찾아오셨는데, 고맙다면서 함께 울고 가셨답니다.

때리는 것 때문에 자주 혼나고 야단맞는 아이라 해도 딱한 번이 중요합니다. 그 한 번부터는 때리는 대신 말로 하는변화가 시작됩니다. 어떤 아이에게든 희망이 있으니, 포기하지 말고 변화될 때까지 일관되게 지도하셨으면 합니다.

상처 주는 아이를 위해

때리는 행동은 하지 않아야 합니다. 폭력은 또 다른 폭력을 불러오고, 폭력을 써서 해결할 수 있는 일에는 한계가 있기 때문입니다. 학교에서 일어나는 억울한 일, 속상한 일, 화나는 일 등은 담임 교사와 상의해서 해결해야지, 아이 스스로 주먹으로 해결하는 것은 어느 경우에도 바람직하지 않습니다.

때리는 아이의 이야기를 들어보면 상대 아이가 먼저 기분 나쁘게 했다거나 욕을 해서 때렸다는 식으로 말하는 경우가 있는데, 욕을 했다고 해서 친구를 때려도 되는 건 아닙니다. 평소에 기분 나쁘게 하는 아이가 있더라도 똑같이 욕하면서 때리거나 하지 말고, 대신 교사에게 사실을 알리고 도움을 요청하도록 해 주셔야 합니다.

"네가 누군가를 때린다고 해서 문제가 해결되진 않아. 선생님에게 가서 사실을 말하고, 억울하고 속상하다고 이야기해. 그렇지 않고 친구를 때리는 식으로 화난 마음을 표현하는 것은 옳지 않아. 친구에게 아프게 해서 미안하다고 꼭 사과해."

상처받은 아이를 위해

아이에게 신체적인 위협이나 신변에 문제가 생긴 상황에선 혼자 문제를 해결하기 어렵습니다. 특히 뭔가 폭력적인 상황이 벌어질 때는 전조 증상처럼 자잘한 일이 먼저 벌어집니다. 사소한 일이라고 대충 넘어가면 다음엔 더 심한 폭력 앞에 놓일 수도 있습니다.

신체적인 싸움이 있었다면 아무리 작은 일이라도 주변 아이들과 담임 교사에게 곧바로 사실을 알리고, 도움을 요청하도록 알려 주셔야 합니다. 도와달라는 말을 하는 것은 부끄러운 게 아니라 용기 있는 행동이라고 격려해 주셔야겠지요.

"오늘 친구가 때려서 많이 속상했지? 엄마도 많이 속상했어. (꼭 안아주면서 감정적으로 지지 해준다.) 전에 ~한 일이 있었다고 했지? 다음엔 아무리 작은 일이어도 선생님에게 가서 이야기해. 그래야 선생님도 널 도와주실 수 있어."

만약 아이 둘이 서로 때렸다면 어떻게 될까요? 결과적으로는 두 아이 모두 서로에게 신체적 피해를 입은 것이 되어, 두 아이 모두 학교 폭력의 쌍방 가해자가 될 수 있습니다. 교사가 중재하면서 도와주고 싶어도 때린 행동, 즉, 폭력이라는 행위만 남기에 몹시 난처합니다.

간혹 드라마에서처럼 아이가 도움을 요청해도 교사가 모른 척하면 어떻게 하냐고 묻는 학부모도 있는데요. 현실에선 그렇지 않습니다. 학교 폭력 사실을 알면서 학교 측에서 은폐하거나 축소하는 일은 없습니다. 학폭 사실이 알려진다고 해서 학교나 교사에게 피해가 가는 것이 아니거니와 은폐나 축소했을 때의 위험을 학교가 굳이 떠안을 필요도 없기 때문입니다.

육하원칙에 근거해서 주변 친구들의 말까지 함께 이야기되면 더 좋습니다. 아이가 어린 경우라도 어디를 어떻게 맞았고, 왜 맞았는지, 나는 어떻게 했는지 정도는 설명할 수 있게 평소에 가르쳐 주시면 좋겠지요.

A 나: 지민이가 아까 때렸어요. (어디를 어떻게 왜 때렸고, 나는 어떻게 행동했는지에 대한 설명이 없다)

B 나: 선생님, 저 지민이한테 맞았어요. 아까 점심시간에 급식 먹고 나오는데, 급식실에서 발을 걸어서 하지 말라고 했더니, 주먹으로 여기 어깨를 쳤어요. 저는 지민이를

안 때렸어요.

친구: 주먹으로 갑자기 어깨를 때린다.

💬 회피

나: ……. (무서워서 아무 말도 못 한다)

✴️ 공격

나: 야이 씨, 하지 말라고 했잖아. (화를 내면서 소리지른다)

✅ 대응

나: 방금 네가 때린 것 지우랑 지수도 봤어. (객관적인 사실 말하기, 진술인 확보)

난 너 안 때렸어. 선생님에게 다 말할 거야. (대응 방안 설명하기)

💬 함께 연습해 볼까요

상황: 명환이와 상현이가 복도에서 놀고 있었어요. 지나가는 아이들 발을 걸어서 넘어뜨리는 장난을 치는 중이었지요.

명환이가 화장실에 다녀오던 우주를 불렀어요.

"야, 최우주, 이리 와 봐."

우주가 쭈뼛거리면서 머뭇거렸어요.

"어, 왜? 왜……."

"왜는, 너 여기 넘어오면 한 대, 안 넘어오면 두 대다."

명환이가 주먹을 보이면서 히죽거렸어요.

우주는 명환이에게 무슨 말을 해야 할까요? 여러분이 우주라면
어떤 말을 하고 싶나요?

15

학폭 절차는
어떻게 되나요?

"우리 아이는 평생 학교 폭력하고는 아무 상관 없을 줄 알았어요."라고 이야기하는 학부모님을 가끔 만납니다. 그동안 많은 학부모를 상담하고 조언해 왔지만, 이런 이야기를 들으면 참으로 안타깝습니다. 아이가 무사히 학교를 졸업할지 학폭에 관련이 될지는 사실 아무도 장담할 수 없습니다. 일이 터진 다음에야 뒤늦게 '아, 절차가 어떻게 되더라?' 인터넷을 검색한다면 부모로서는 너무나 애가 타겠지요.

학교 폭력은 신고하는 순간, 절차에 따라 처리됩니다. 복잡한 절차를 간단히 압축해서 설명하자면, 다음과 같습니다.

① 먼저 학폭이 발생했다는 사실을 담임 교사가 인지하는 순간, 즉시 학폭업무 담당교사에게 사안을 알립니다.

② 학폭업무 담당교사는 교장과 교감 등 학교관리자에게 사안을 보고한 다음, 가해 학생과 피해 학생의 학부모에게도 앞으로 학폭 사안이 처리될 거라는 사실을 알립니다.

③ 업무 담당교사는 사안을 간단하게 1차 조사해서 교육지원청으로 보고합니다. (필요시 분리 및 긴급 조치)

④ 보통은 이때 전담 조사관 배정을 요청합니다. 참고로 최근인 2024년 3월부터 학교 폭력을 전담해서 조사하는 전담 조사관 제도가 생겼는데, 전담 조사관은 학교 폭력 사안을 조사하는 역할을 합니다.

⑤ 전담 조사관 배정을 요청하면 교육지원청에 소속된 전담조사관이 학생 측과 일정을 조율한 다음 학교로 나옵니다.

⑥ 전담 조사관이 학교에 와서 학생을 만나서 사안을 처음부터 다시 조사합니다. 말 그대로 원점에서 재조사하는 것이라, 시간이 제법 걸립니다. 전담 조사관은 퇴직경찰관인 경우가 많고, 사안을 조사할 때도 객관적으로 샅샅이 살펴봅니다.

⑦ 전담 조사관이 조사한 내용은 육하원칙에 근거한 보고서로 작성돼서 다시 교육지원청으로 보고됩니다. 전담 조사관

조사에는 학부모도 동참할 수 있지만, 참관만 가능할 뿐 학부모를 직접 조사하거나 의견을 묻지는 않습니다. 필요한 경우, 담임 교사나 다른 학생들의 목격자 진술을 듣기도 합니다.

⑧ 교육지원청에서는 전담조사관의 현장 보고서와 학교에서 작성했던 1차 보고서를 근거로 학교폭력심의위원회를 엽니다. 줄여서 '학폭위'라고도 부르지요.

⑨ 학교폭력심의위원회에서는 가해 학생에 대한 처분을 내립니다.

⑩ 처분을 알리는 공문이 학교로 오고, 학교는 공문에 근거한 처분을 진행합니다. 학부모에게도 함께 안내합니다.

⑪ 피해 또는 가해 학생은 지도에 따르게 됩니다. 단, 학교 전담기구의 심의를 통해 자체 해결로 종결되기도 합니다.

이 과정이 진행되는 동안 학교에서는 사안에 개입할 수도 없거니와 성해진 절차 이외의 것을 제안하거나 할 수도 없습니다. 학폭으로 사안을 접수하는 때부터 그렇게 됩니다. 학교 측에 자세하게, 지금 어떤 과정을 거치고 있다, 언제까지 기다려라, 언제쯤 결과가 나온다, 이런 내용을 일일이 설명해 주지도 않는 데다가 절차가 학교와는 상관없이 진행되기 때문입니다.

피해 학생이 학폭위를 열기로 마음을 먹는다면, 그 순간 사안이 학교와 담임 교사의 손을 떠나 교육시원청으로 넘어간다고 보시는 게 맞습니다. 학폭으로 신고한 다음부터는 담임 교사에게 전화해서 "어떻게 돼 가고 있냐, 앞으로 어떤 절차를 거치게 되느냐?"라고 물으셔도 대답을 듣기가 어렵습니다. 담임 교사가 성의가 없고 매정해서가 아니라, 실제로 담임 교사에게 일일이 알리지 않기 때문입니다.

학폭 사안의 처리 자체에 시일이 걸리는 만큼, 최종적으로 종결되기 전까지 섣불리 말하기 어렵습니다. 자칫하면 학부모들에게 잘못된 정보를 전달할 수도 있으니까요. 이 점을 이해해 주시면 좋겠습니다.

16

친구가
욕을 할 때

Q. 심하게 욕하는 아이가 있대요. 툭 하면 욕을 하는데, 다른 아이들도 이 아이를 무서워한다더라고요. 욕하는 친구 앞에서 어떻게 말해야 할지 몰라서 그냥 왔다더라고요. 이럴 땐 어떻게 말하도록 지도해야 할까요?

4학년을 담임했을 때 일입니다. 반에 욕을 아주 잘하는 아이가 있었습니다. 친구들 모두 이 아이를 무서워해서 어지간한 일에선 억지로 양보하는 일이 많았습니다. 학기 초만 해도 교사인 제 앞에서는 욕을 하지 않았기 때문에 무슨 일이 벌어지는지 몰랐지만, 곧 저도 사실을 알게 됐습니다.

저는 아이를 지도하는 것과 동시에 다른 학생들도 함께 지도 했습니다. 친구가 욕을 하더라도 당황하지 말고, 당당하고 차분하게, 욕하지 말라고 말하도록 지도했습니다.

"왜 가만히 있었어, 너도 똑같이 욕을 하지 그랬어?"라고 아이에게 말해 줬다는 학부모를 본 적도 있는데요. 욕을 안 해 본 아이가 욕으로 대차게 받아치는 경우는 매우 드뭅니다. 욕도 해 본 아이가 잘하고, 안 해 본 아이는 못합니다. 부모가 보기엔 "너도 시원하게 욕해주지, 왜 가만히 있었어?"라고 생각하겠지만, 이건 욕하는 아이의 심리를 잘 몰라서 그렇습니다.

욕하는 아이와 대화해 보면 실제로는 무슨 뜻인지 모르고 하는 경우가 대부분입니다. 어렴풋이 나쁜 말인 것 같긴 한데, 정확하게 무슨 뜻인지는 모르고 합니다. 그런데도 욕을 왜 할까요? 욕하는 아이는 욕이 장난 같은 겁니다. 들은 친구가 움찔 당황하니까, 그 모습이 재미있는 것이지요. 이때 위축되지 않고 당당하게, 그건 나쁜 말이니까 하지 말라고 해주는 것이 욕하는 아이에게 할 수 있는 가장 강도 높은 대응인 셈입니다.

상처 주는 아이를 위해

욕도 일종의 어휘입니다. 아이들이 자주 듣고 말하면서

새로운 어휘를 습득하듯이 욕도 그렇습니다. 요즘 아이들은 게임이나 인터넷에서 욕을 경험하는 경우가 많고, 심지어 유튜브 자막이나 댓글로 욕을 보고 듣는 일도 많습니다.

욕하는 아이를 지도할 때는 이런 환경적인 요인을 고려해야 합니다. 그렇지 않으면 지도가 잘 안 됩니다. 혹시라도 아이가 거칠게 말하거나 욕을 자신도 모르게 툭 내뱉는다면 게임이나 유튜브 각종 동영상에서 어떤 내용들을 보고 있는지 꼭 살펴보셔야 합니다. 거친 말이 영상 자막으로 제공되거나 게임에서 욕으로 채팅을 주고받고 있다면 이 부분을 먼저 지도해야 합니다.

아이가 고학년이라면 욕의 뜻을 정확하게 알려 주고 하지 말라고 지도하는 게 효과적입니다. 욕은 대부분 성적인 뜻이 들어 있기 때문에 이 부분을 설명해 주면 대부분의 아이들이 깜짝 놀라서 하지 않는 경우가 많습니다. 반면 저학년이라면 무슨 뜻인지 모르고 막연하게 나쁜 말이려니 짐작하는 정도이니, 짧고 간결하게 욕하지 말라고 말씀해 주세요.

저도 반 학생들이 고학년일 경우는 학기 초에 욕의 뜻

을 설명해 주고 나쁜 말이니까 하지 말라고 지도했고, 저학년일 경우는 나쁜 말이니까 하지 말라고 짧게 반복해서 지도했습니다.

저학년 아이에게 할 수 있는 말은 다음과 같습니다.

"나쁜 말 하는 사람이 나쁜 사람이야. 나쁜 사람이 되고 싶지 않다면 욕하면 안 돼."

고학년 아이에게 할 수 있는 말은 다음과 같습니다.

"네가 아는 욕이 뭐가 있는지 말해 봐. 뜻을 설명해 줄 게. 욕에는 성적인 의미가 들어 있어. 강제로 성관계를 한다거나 성폭행을 뜻하는 말도 있어. 이런 말을 하는 것 자체가 얼마나 끔찍하게 나쁜 행동인지 알겠지? 욕하면 안 돼."

상처받은 아이를 위해

욕을 들어 본 적이 없거나 해 본 적 없는 아이라면 친구가 욕을 할 때 어떻게 반응해야 할지도 잘 모릅니다. 친구가 욕을 아무렇지 않게 하는 것에 놀라고 충격을 받기도 쉽지요. 이럴 땐 당황하지 말고, 최대한 침착하게 나쁜 말을 하지 말라고 이야기해 주세요. 상대가 당황해서 말을 얼버무릴수록 욕하는 아이가 재미있어 한다는 것도 짚어 주면 더욱 좋겠지요.

"욕은 상대방에게 인격적으로 모욕을 주는 나쁜 말이니까 하면 안 돼. 욕하는 사람이 나쁜 거지, 안 하는 사람이 나쁜 거 아니야. 그러니까 나쁜 말에 지지 말고, 당당하게 말할 수 있도록 엄마랑 연습해 볼까?"

친구: 야, 이씨, 재수 없는 **, 그 *** 어쩌고…….

💬 회피

나: 어, ……. (무서워서 아무 말도 못 한다)

⭐ 공격

나: 야! 욕하지 말라니까! (화내면서 소리 지른다)

✅ 대응

나: 욕은 나쁜 말이야. (상황 설명하기)

욕하지 마. (바라는 것 말하기)

"야이, 씨*, 너 뒈질래?"

명환이는 욕을 잘하는 친구예요. 체육 시간에 공에 맞아도, 안 맞아도 화를 내면서 욕을 해요. 우주는 평소에 욕을 한 번도 해 본 적이 없어서 명환이처럼 욕하는 친구를 보면서 자신도 모르게 움찔 놀라곤 해요.

이번에도 우주가 던진 배구공에 이마를 정통으로 맞은 명환이가 욕을 하면서 버럭 소리를 질렀어요.

"어, 미안해."

우주는 순간 놀라서 미안하다고 말했지만, 명환이가 공을 휙 집어 던지고 욕을 했어요.

"**, 너 때문에 맞았잖아. 야, 이, **아, 죽고 싶냐."

우주는 깜짝 놀라서 아무런 말 못했어요. 명환이는 그런 우주를 보면서 히죽 웃었어요.

"왜, 쫄았냐? 놀래기는."

"어, 어, 내 말은……."

우주는 명환이에게 무슨 말을 하고 싶은 걸까요? 여러분이 우주라면 어떻게 말하고 싶나요?

17

발표할 때
수줍어하는 아이

친구들하고는 곧잘 까불고 놀고 말장난도 잘 치는데, 유난히 발표는 두려워하는 아이들이 있습니다. 이런 아이들을 유심히 관찰해 보면 실제로도 쉬는 시간엔 떠들고 웃고 장난치고 있다가도 수업 시간만 되면 입을 다물어 버리는 걸 발견할 수 있습니다. 이런 일은 왜 생기는 걸까요? 정말로 내성적이고 수줍어서 그럴까요?

친구들하고 잘 이야기한다는 것은, 아이가 편한 상대나 편안한 상황에서는 이야기를 잘한다는 뜻입니다. 바꿔 말하면 불편한 상황에서는 이야기하기 싫어한다는 것입니다. 이건 일종의 불안감이나 두려움에 기반한 것이라서, 이 부분을 극복하면 자연스럽게 사람들이 주목하는 상황에서도 자신 있게 말할 수 있게 됩니다.

발표할 때 유난히 불편해 하고 수줍어하는 성향의 아이들이 이런 불안감에 익숙해지지 않으면 나중엔 사람들 앞에선 아무 말도 안 하려고 합니다. 그러니 할 수 있다는 자기효능감을 길러 주고, 생각보다 별 게 아니라는 식으로 생각할 수 있도록 자신을 객관화해서 관찰하는 힘을 키워 주시는 것이 훨씬 효과적입니다.

가정에서 해 볼 수 있는 가장 좋은 훈련 방법은 심호흡과 시뮬레이션 입니다. 시뮬레이션은 사람들 앞에서 말하는 자기 모습을 머릿속에서 미리 그려보는 것입니다. 심호흡은 특히 불편하고 어려운 말을 꺼낼 때 마음을 든든하게 해 주고 한결 편안하게 해 주는 효과가 있는데, 안타깝게도 이 간단한 방법을 몰라서 못하는 경우가 많습니다.

심호흡 연습하기

숨을 최대한 크게 들이쉽니다.

몇 번이고 숨을 들이마시고, 내쉬고를 연습합니다.

숨결을 잘 느낄 수 있도록 스스로 코 앞에 손을 갖다대 보게 합니다.

따뜻한 숨결을 느껴 봅니다.

따뜻한 숨결이 느껴지는 지 물어보세요.

숨결이 충분히 느껴질 때까지 몇 번이고 심호흡을 연습합니다.

들이마시고, 내쉬고, 들이마시고, 내쉬고를 3번 이상 반복합니다.

두려운 마음이 들 때는 적어도 3번 이상 심호흡을 한 다음 말하는 게 좋습니다. 이 과정을 꾸준히 반복해서 연습하면 말할 때 느껴지는 대부분의 불안감이나 두려움은 자연스럽게 해소됩니다.

시뮬레이션은 머릿속으로 발표하고 있는 자기 모습을 상상해 보게 하는 것입니다. 상상하는 능력은 자신을 객관화시켜서 바라볼 수 있는 사고능력으로 인간만이 가지고 있는 매우 독특한 능력입니다. 다른 동물들은 자신을 객관화시켜서 바라보는 식의 사고능력은 하지 못한다고 하지요.

사람들 앞에서 떨지 않고 발표하고 있는 자기 모습을 머릿속에서 그려 보고, 그 상황을 객관적으로 상상하면서 느껴보

게 하는 식으로 가정에서 지도하면 이 부분도 서서히 익숙해
시고 편해지게 됩니다. 특히 이 지기 모습 상상해 보기는 다양
한 상황에서도 쓸 수 있는 좋은 방법으로 중요한 시험이나 인
터뷰 등을 앞두었을 때 매우 유용합니다.

머릿속으로 시뮬레이션하기

주변 상황이나 인물 등을 미리 상상해 봅니다.

친구들의 모습이나 선생님이 할 말을 대본처럼 머릿속에
그려 봅니다.

그 상황에서 내가 할 수 있는 행동을 떠올려 봅니다.

- 손을 들고, 선생님을 쳐다본다.
- 아이들이 나를 쳐다본다.
- 선생님이 나를 지목한다.
- 나는 일어나서 "저는 ~라고 생각합니다." 라고 또박또박
  말한다.
- 의자에 앉는다.
- 친구들이 손뼉을 쳐준다.
- 나는 기분이 좋다.

이런 상상하기 훈련을 자주 반복하면, 나중엔 상상이 아닌 실제 상황에서도 자연스럽고 당당하게 행동하는 자신을 마주하게 된답니다.

나쁜 장난을
함께 치자고 할 때

Q. 짓궂은 장난을 꼭 같이 치자고 꼬시는 아이가 있어요. 뭣도 모르고 친구랑 같이 장난쳤다가 선생님께 혼난 적도 있어서, 걱정돼요. 이런 경우 어떻게 말하도록 지도하는 게 좋은 걸까요?

아이들 세계에선 혼자 장난치고, 말썽을 부리는 경우는 드물지요. 대부분은 여럿이 함께 어울려서 장난도 치고 말썽도 부립니다. 장난도 여럿이 함께 쳐야 재밌으니까, 마음이 맞는 아이들 몇이 함께 어울려서 말썽도 부리고 장난도 치고, 사고도 칩니다.

아이들이야 말썽과 장난이 일상이니 놀랄 일은 아니지만, 문제는 하기 싫은 것을 함께 하자고 꾀는 아이에게 거부의 의사를 잘 밝혀야 한다는 것입니다. 그렇지 않으면 일종의 공범처럼 교사에게 함께 야단맞게 될 겁니다. 하기 싫은 장난을 함께 치자는 친구에겐 어떻게 말하면 좋을까요? 이것도 평소에 생각해 두면 좋습니다.

부모가 지도할 때 유의할 점

결과는 똑같지만, 장난을 치자고 먼저 제안한 아이의 책임을 조금 더 무겁게 여기는 것이 좋습니다. 어찌 됐든 사건의 발단이나 빌미를 제공했으니까요. 학부모도 마음을 무겁게 가지고, 아이의 잘못을 진지하게 생각하는 게 좋습니다. 사과할 일이 있다면 사과하도록 지도하는 것도 매우 중요합니다.

"넌 걱정하지 마. 엄마가 알아서 할 테니까."

이렇게 말한다면 아이는 사과에 대해 배울 기회를 놓치게 됩니다.

"네가 먼저 장난치자고 했잖아. 그 부분에 대해서 사과해."

이런 식으로 분명하게 잘못한 부분을 짚어 주고, 사과하도록 지도한다면 어떨까요. 아이도 그 과정에서 배우는 게 있을 것입니다. 이런 지도가 반복되면 함부로 행동하고 장난치면서 사고 치는 횟수도 줄어듭니다.

어떤 아이든 자라면서 사고도 치고 말썽도 부립니다. 저는 실수 없고 잘못 없이 크는 아이를 본 적이 없습니다. 하지만 이것도 어릴 때 일이지, 성인이 돼서까지 그런 행동을 하길 바라는 부모는 없을 겁니다. 그러려면 어릴 때 잘못에 대해서 사과하고 용서를 빌고 잘못을 뉘우치게 하는 식의 지도가 꼭 필요합니다.

어른들의 사건에서도 범행을 모의하고 가담할 사람을 찾는 식으로 주도한 경우와 단순하게 가담한 경우의 형량이 차이가 크게 납니다. 물론 아이들 일이고 장난이라고 가볍게 여기는 분들도 계실지 모릅니다. 하지만, 우리 아이가 먼저 장난을 치자고 제안하지 않았다면 안 일어났을 일 아닐까 이렇게 생각하고 반성해야 하고, 그렇게 지도하는 게 장기적으로 봤을 때 아이에게 이롭습니다.

주도한 건 아니고 장난에 단순하게 동참한 경우라면 어떨까요? 이 경우도 마찬가지입니다. '장난이니까, 별거 아니겠지.' 하고 가볍게 여기시면 안 됩니다. 누군가에게 피해를 주고 마음을 아프게 했다면 따끔하게 야단맞고 앞으로는 같이 나쁜 장난을 치지 않겠다고 약속하는 게 맞습니다.

"저희 애가 잘못하긴 했지만, 시작은 00이가 먼저 하자고

했고 저희 애는 그냥 동조했을 뿐이에요."(아이에게 책임이 없다고 변명하는 말)

"저희 애도 잘못했습니다. 같이 장난친 게 맞습니다."(잘못을 인정하는 말)

이 경우도 우리 애는 그 애가 하자고 한 대로 했을 뿐이라고 변명하기보다는 피해 입은 아이에게 마음을 다해서 미안하다고 사과해야 합니다. 그래야만 피해 학생이나 학부모도 용서할 마음도 생깁니다.

학교 폭력은 피해자가 가해자가 되기도 하고, 가해자가 피해자가 되기도 합니다. 이번엔 가해자였던 아이여도 다음엔 피해자가 될지 모릅니다. 장난도 반복되면 폭력이 될 수 있고, 상대가 장난으로 받아들이지 못한다면 그건 어느 때고 폭력으로 남을 수 있습니다.

함께 장난치자고 하는데, 거절하고 싶다면 어떻게 해야 할까요? 그럴수록 분명하게 거부 의사를 표현하는 게 좋습니다. 흐리면서 불분명하게 애매한 식으로 말하는 것보다 명확한 태도로 싫다고 말해야 합니다. 이건 연습이 많이 필요하겠지요.

친구: 야, 우리 선생님 몰래 편의점 갈래? 쉬는 시간에 얼른 갔다 오면 선생님도 절대 모를 걸?

😮 회피

나: 아, 그게, 그러면 안 될 것 같은데……. (모호한 대답)

😠 공격

나: 뭐? 야, 너 내가 선생님께 바로 이른다.

✅ 대응

나: 쉬는 시간에 편의점 가자는 거야? (상황 서술하기)

그건 안 될 것 같아. (거부 의사 표시하기)

쉬는 시간은 너무 짧고, 선생님이 알면 혼날 거야. (이유 설명하기)

💬 함께 연습해 볼까요

우주는 집에 가는 길에 명환이와 상현이를 보았습니다. 둘은 강당 뒤에서 돋보기를 들고 장난을 치고 있었습니다. 화장지에 불을 붙이는 중이었지요.

"야, 너네 뭐해?"

"어? 어, 야, 최우주. 너도 이리 와 봐."

명환이는 돋보기를 우주의 손에 주면서 말했어요.

"너도 해봐. 최우주, 이거 되게 재밌다."

"맞아, 우주야, 같이 하자. 이거 위험한 거 아니야. 그냥 불만 잠

깐 붙여 보려는 거지."

상현이도 맞장구쳤어요.

"우리 불만 붙여 보고 바로 끌 거야. 한 번 해 봐."

명환이가 흥미진진한 표정으로 우주를 쳐다보았어요. 우주는

손에 든 돋보기를 보고는 입술을 깨물었어요.

우주는 명환이에게 무슨 말을 하려는 걸까요? 여러분이 우주라

면 어떤 말을 하고 싶나요?

19

고자질한다고
친구들이 안 좋아해요

우리말에서 '~질'은 접미사로 쓰는 말로, 대체로 부정적인 의미로 씁니다. 손가락질, 발길질처럼요. 고자질은 사전적 의미로는 누군가에게 사실이나 비밀, 잘못을 알리는 사람이라는 뜻의 고자(告者)와 나쁜 짓이라는 뜻의 '~질'이 합해진 말입니다. 쉽게 말해, 남의 잘못이나 비밀을 알리는 나쁜 짓이라는 뜻입니다.

아이들의 잘못을 선생님에게 자주 알리는 아이를 '고자질하는 아이'라고 부르는데요. 주로 고학년보다는 저학년 아이들이 많습니다. 실제로 저학년 담임 교사들과 이야기를 나누다 보면 '아이들이 고자질을 너무 많이 해요.' 같은 고민을 하는 경우도 많고요.

저학년 아이들이 고자질을 많이 하는 것은 사실 자연스럽고 당연한 일입니다. 이 시기 아이들은 심리학자들이 말하는 착한 사람은 좋은 사람, 거짓말은 절대 하면 안 되는 것처럼 선과 악의 기준이 명확합니다. 이 시기 아이들이 착한 사람은 상을 받고, 나쁜 사람은 벌을 받는다는 의미의 권선징악이 분명하게 드러나는 전래동화를 좋아하는 것도 그래서입니다.

이 시기를 지나면 때에 따라서는 거짓말을 할 수도 있지 않을까 하고 생각하게 됩니다. 고학년 아이들은 착한 거짓말, 선의의 거짓말도 있다는 걸 이해합니다. 많이 아픈 환자에게 "괜찮아요, 좋아지고 있어요."처럼 선의의 거짓말을 했다고 하면 "그래, 그럴 수도 있지, 환자에겐 희망이 필요하니까."라고 대답합니다. 반면 저학년 아이들에게 물어보면 그래도 거짓말은 하지 말아야 한다고 대답하지요.

그만큼 착하고 나쁜 행동의 기준이 분명하기에 저학년 아이들에겐 '이런 행동은 옳지 않아, 그건 아니지, 그렇게 하면 안 돼.'라는 생각을 할 수밖에 없습니다. 담임 교사에게 "선생님, 누가 뭐 했어요, 누가 (나쁜) 행동하고 있어요." 같은 말을 자꾸 하는 것입니다. 그게 그 시기 아이들에겐 선과 악의 기준에 따라 맞고 안 맞고에 대한 나름의 의견을 제시하는 것이기 때문입니다.

이렇게 보면 저학년 아이들이 왜 교사에게 시시콜콜한 잘못까지 와서 말하곤 하는지 이해가 됩니다. 아무리 고자질이라고 해도 그건 나쁜 게 아니라, 자연스럽고 당연한 일인 것입니다. 다만, 교실에서 벌어지는 일은 워낙 다양하고 많아서 자주 시시콜콜하게 이야기하다 보면 담임 교사로서는 번거롭게 느껴질 수도 있습니다. 잘못한 아이로서는 같은 반 친구가 번번이 교사에게 잘못을 이른다고 느껴질 수도 있고요.

이때는 몇 가지 기준을 두고 담임 교사에게 말할 수 있게 경계를 만들어 주면 됩니다.

첫째, 교사가 이야기를 들어줄 수 있는 상황인지 살펴보게 하세요. 선생님이 몹시 바쁘게 일하고 있는데, 가서 '누가 뭐 했어요, 누가 뭐 하고 있어요.' 같은 이야기를 한다면 교사 입장에선 그다지 반갑지 않을 수도 있고, 아이 이야기를 제대로 경청해 주지 못할 수도 있습니다.

둘째, 그 친구의 잘못을 이야기하기 전에 나는 잘하고 있는지, 자신을 먼저 돌아보게 하세요. 자신도 똑같이 잘못하고 있으면서 친구의 잘못을 먼저 말하고 있다면 설득력이 그만큼 떨어질 테니까요.

셋째, 비슷한 일이라면 반복해서 말하지 않아도 괜찮습니다. 이미 담임 교사가 알고 있는 사안이라면 굳이 세 번, 네 번 이야기하지 않아도 됩니다. 아이가 그렇게까지 말하지 않아도 이미 담임 교사가 고민하고 있을 겁니다. 안심해도 괜찮다고 아이에게 말해주세요.

이 정도만 생각해 보게 하셔도 자신이 생각하는 정의롭고 선한 행동을 하면서도 친구들에게 원망을 듣지 않을 수 있습니다. 나중엔 남의 일에 일일이 신경 쓰는 것보다는 때로는 무시도 하고, 때로는 교사에게 말하고, 또 때로는 똑 부러지게 대답하며 지혜롭게 성장한답니다.

💬 함께 연습해 볼까요

점심을 먹고 급식실에서 나오는 길이었어요. 명환이와 세영이가 강당 뒤에서 놀고 있었어요. 강당 뒤는 요즘 공사를 한다고 벽돌과 자갈, 철근 같은 걸 쌓아 놓아서 아이들이 못 들어가게 막아 놓았거든요. 명환이와 세영이가 여기를 선생님 몰래 들어간 거예요.

우주가 물었어요.

"명환아, 세영야. 너네 거기서 뭐 해? 선생님이 거기 들어가지 말랬잖아. 위험하다고."

"어, 그냥, 여기서 뭐 좀 보는 거야."

"그래. 최우주, 넌 가던 길이나 가."

명환이와 세영이가 번갈아 대답했어요. 우주도 아이들에게 말했어요.

"선생님이 거기서 놀지 말랬잖아."

"뭐, 선생님께 이르게? 너 고자질쟁이가 되고 싶냐?"

명환이가 우주에게 화냈어요.

"맞아. 그럼 애들한테 너 고자질쟁이라고 소문낸다. 그래도 돼?"

세영이도 한마디 덧붙였지요.

"어, 음……."

우주는 무슨 말을 해야 할지 고민했어요.

여러분이 우주라면 친구에게 무슨 말을 하고 싶나요?

쳐다보면서
귓속말할 때

Q. 아이들 몇이 저희 아이를 쳐다보면서 귓속말한대요. 아이를 쳐다
보면서 귓속말하니까, 꼭 자기 이야기를 하는 것 같아서 마음이 안 좋
다고 해요. 친구들하고 잘 지내고 싶어서 그냥 참는다는데, 이럴 땐 어
떻게 말하도록 지도해야 할까요?

5학년을 담임했을 때도 비슷한 일이 있었습니다. 한 번은
새은이가 친구들이 자기를 쳐다보면서 귓속말한다고 고민을
털어놓았습니다. 평소에 친하게 지냈던 친구들이라, 왜 귓속
말했는지 그 아이들을 불러서 물어봤습니다.

"어, 저희 나쁜 말 안 했어요. 오늘 재은이가 입은 옷 너무
예쁘다고 얘기했어요. 죄송해요."

아이들은 재은이에게 진심으로 사과했고, 다시는 같은 일이 없었습니다. 물론 이 경우는 안 좋은 말을 한 게 아니었고, 평소에도 친한 친구들이었기 때문에 사과하는 일도, 사과 받는 일도 간단했습니다. 하지만, 만약 아이들끼리 좋은 관계를 맺고 있는 게 아니었다면 상황이 다르게 펼쳐졌겠지요.

아이들끼리 친구가 될 때는 감정적인 동조나 동질감이 밑바탕이 됩니다. 나와 친구가 생각이 맞고, 마음이 잘 맞는 것을 확인하는 일만큼 기분 좋은 일도 없지요. 이건 긍정적인 면에서 그렇지만, 부정적인 면에서도 그렇습니다.

"이번 단원 수학 진짜 어렵지 않냐? 나 단원평가 두 개 틀렸어."

"어, 나도 두 개 틀렸는데……."

"진짜? 우리 똑같이 두 개 틀렸네."

안 좋은 이야기도 여럿이 함께하면 힘이 보태지고, 관계가 굳건해지는 데에 도움이 됩니다.

"너희들, 김지수 어떻게 생각해? 난 김지수 진짜 싫어. 지난번에도 혼자만 어지럽다고 해서 힘든 거 다 빠졌잖아."

"그러니까 말이야. 나도 김지수 싫어. 선생님이 맨날 김지수는 봐준다니까?"

어떤 상황에서도 나의 행동이 누군가에게 피해를 주거나 마음을 상하게 하는 일이 없어야 합니다. 또한 친구와 잘 지내기 위해 굳이 마음에 안 드는 일까지 참아야 하는 건 아닙니다. 그건 이미 친구 관계라고 보기 어렵습니다. 이걸 강조해서 자주 이야기해야 정말로 도움이 되는 좋은 친구를 사귈 수도 있습니다.

상처 주는 아이를 위해

설사 사소한 일을 귓속말했다고 하더라도 대상이 된 아이는 불쾌하고 언짢을 수 있습니다. 친구의 마음을 헤아리고 이해할 수 있도록 지도해야 합니다.

"귓속말하는 것만으로도 친구는 기분 나쁠 수 있어. 나쁜 말을 하고 안 하고가 중요한 거 아니야. 친구 마음이 상했다면 정중하게 사과해야 해."

이렇게 이야기해 줘야 합니다. 그래야 친구들도 아이를 신뢰하고 존중합니다.

특히나 친구가 없는 자리에서 험담했다면 이 역시 학교 폭력에 해당할 수 있습니다. 친구에 대한 험담이나 욕설과 같은 간접적인 폭력도 모두 학교 폭력에 해당합니다. 요즘은 학교 폭력의 범주가 상당히 넓게 적용된다는 것 또한 잊으시면 안 됩니다.

상처받은 아이를 위해

친구의 행동 때문에 기분이 나쁘고 마음이 불편했다면 그런 마음을 친구들에게 정확하게 표현하는 게 좋습니다. 그랬다가 멀어질 것을 걱정하는 아이도 있는데, 정말로 좋은 관계라면 애초에 아이가 없는 자리에서 험담하지는 않을 겁니다. 이 경계를 분명하게 말해야 합니다.

"싫은 건 싫다고 말해야 해. 그래야 친구들이 너에게 함부로 하지 않아. 누가 너를 쳐다보면서 귓속말하면 '나를 쳐다보면서 귓속말해서 내 마음이 안 좋아.' 이렇게 정확하게 말해야 해. 엄마랑 같이 연습해 볼까?"

친구들이 쳐다보면서 귓속말한다.

친구: (둘이 내 앞에서 귓속말을 하며 웃는다)

💬 회피

나: (모르는 척한다)

(일부러 다가가서 아무렇지 않게 말을 건다)

⚠️ 공격

나: 야, 너희 지금 나 쳐다보면서 귓속말했냐? 너희들 선생님께 이른다. (화내거나 소리 지른다)

✅ 대응

나: 나 마음이 안 좋아. (감정 설명하기)

너희가 귓속말하면 나에 대해 안 좋은 이야기를 하는 것 같아.

(이유 설명하기)

나 쳐다보면서 귓속말하지 말아 줘. (원하는 것 말하기)

💬 함께 연습해 볼까요

우주네 반 여자아이들은 여럿이서 한자리에 둥그렇게 모여 앉아서 수다를 떨고 있었어요. 화장실에 다녀오던 우주를 여자아

128

이들이 힐끔거리면서 수군거렸어요.

"누가, 최우주가? 어머……. 아, 진짜?"

여자아이들이 하는 소리가 띄엄띄엄 들려왔지요. 저만치서 놀던 명환이가 달려왔어요.

"야, 너희들 모여서 뭐 하냐? 방금 최우주 뒷담화하고 있었지?"

명환이가 우주를 쳐다보면서 킥킥거렸어요.

"아니? 누가 뒷담화한대? 우린 그런 거 안 해."

여자아이들 가운데 대장격인 세랑이가 흥, 하면서 대답했지요.

"뭐가 아니야. 표정 보니까 뒷담화한 거 맞는데……. 너희 내가 선생님께 다 이른다."

명환이 말에 여자아이들 여럿이 발끈했어요.

"뭐? 네가 들었어? 우리가 뭐라고 했는데, 말해 봐."

"그래, 말해 봐."

명환이가 우주를 불렀어요.

"야, 최우주. 네가 말해 봐. 쟤네가 너 뒷담화했지? 맞지?"

우주는 당황해서 세랑이와 명환이를 번갈아 쳐다보았어요.

우주는 친구들에게 무슨 말을 하고 싶을까요. 여러분이 우주라면 어떻게 말하고 싶나요?

배에 힘주고 말하기

껄끄러운 말을 해야 할 때를 떠올려 보세요. 보통은 말에도 힘이 없습니다. 왠지 불편하고 어렵고, 힘들지요. 이런 말은 상대에게도 힘없이 들리고, 힘없이 들리기 때문에 뭐라고 말해도 잘 먹히지 않습니다. 말이 갖는 힘 자체가 약한 것입니다.

이때의 신체 반응을 잘 살펴보세요. 배에 힘이 들어가지 않은 상태일 것입니다. 배에 힘이 들어가지 않으면 단전에서 올라오는 힘 있는 말하기가 잘 안 됩니다. 말에 힘이 없고, 위축된 느낌이 듭니다. 어렵고 껄끄러운 말을 주눅 들지 않고 잘하려면 신체적인 힘도 필요합니다. 이때의 신체적인 힘이란 목에서 나오는 게 아닙니다. 배에서 나옵니다.

흔히 하는 실수가 말의 힘이 목에서 나오는 걸로 착각하여 크게 소리를 지르는 것이죠. 하지만 진짜 말을 잘하는 사람은 소리 지르면서 말하지 않습니다. 오히려 차분하고 담담하게 하고 싶은 말을 합니다.

평소에 자신감 있게 말을 잘하는 아나운서들이 가장 자주 하는 연습이 바로 배로 호흡하면서 말을 하는 것입니다. 이걸 지도하려면 아이들이 이해하기 어려운 '복식호흡'이라기보다는 '배에 힘을 주고 말해봐!'라고 가르치는 것이 좋습니다.

제가 학생들에게 말하기를 가르칠 때 지도했던 과정입니다.

배에 힘주면서 말해야 네 말에 힘이 실려. 선생님이랑 차근차근 연습해 볼게.

네 배에 힘이 들어갔는지, 배를 한 번 만져 봐.

아직 배에 힘이 들어가지 않았으면 크게 심호흡부터 해 봐.

심호흡을 다섯 번 한 다음에 배에 다시 힘을 줘 볼까.

그 느낌을 잘 기억해. 네가 하고 싶은 말이 껄끄러울수록 그 느낌을 기억하면서 말해야 돼. 그래야 친구들이 네 마음과 말에 힘이 있다고 느끼게 돼.

준비됐으면 이제 천천히 다시 말해 보자.

껄끄러운 말을 잘하려면 목소리를 크게 하거나 소리를 지르면 될 것 같지만, 실제로는 전혀 그렇지 않습니다. 이때 필요한 것은 배에 힘을 주고 말하는 연습입니다. 배에 힘을 주고 말하는 연습을 많이 하면 사람들이 많은 데에서 말할 때조차 떨리지 않습니다.

배에 힘주고 말하기 훈련은 당당하게 말하기의 기본이 됩니다. 평소에 연습을 자주 시켜 주세요. 미리 연습해 두면 불편한 상황에서 자신도 모르게 연습했던 말이 튀어나옵니다.

21

뒷담화하는 친구들하고도
친하게 지내려고 해요

고학년 여자아이들 사이에서 뒷담화 문제만큼 잦은 문제가 또 있을까요? 여럿이서 누굴 욕했다, 채팅방에서 강퇴시켰다, 단톡방에서 특정한 아이 하나만 빼고 이야기한다 등등과 같은 일이 자주 일어납니다. 모두 학교 폭력의 범주에 들어갈 수 있는 일인 만큼 이런 피해를 주는 학생이라면 사소하게 넘기지 말고, 부모님께서도 주의 깊게 살펴봐 주시기 바랍니다.

반대의 경우도 있습니다. 아이가 친구들이 자신의 뒷담화를 한다는 걸 뻔히 알면서도 일부러 모르는 척하거나 뒷담화하는 친구들과 친하게 지내려 애쓰는 경우입니다. 친구들과 어떻게든 잘 지내고 싶어서 노력하는 것이긴 해도 이미 이런 관계가 되었다면 아무리 친구들의 싫은 행동을 참아 줘도 상황은 달라지기 어렵습니다. 친구들이 하라는 대로 하고, 원하는 걸 다 들어주면 나하고 잘 놀아 주고 나를 좋아해 줄 거라고 아이는 내심 기대하지만, 현실은 그렇게 간단치 않습니다.

어른이 싫은 사람과 억지로 관계를 맺거나 친구가 되려고 노력하지 않듯이 아이들도 비슷합니다. 아이들도 억지로 친구가 되도록 강요할 수는 없습니다. 엄마들 모임에 자주 데려가도, 주말에 친구들을 불러서 파티를 해 줘도 소용없습니다. 인간관계란 애초에 억지로 되는 게 아닙니다. 자연스럽게 신뢰를 쌓으면서 가까워지는 것이기 때문입니다.

이런 경우는 친구에게 매달리는 식의 관계 맺기 말고는 건강하고 건전한 친구 관계가 어떤 것인지 잘 몰라서 그렇습니다. 실제로 학부모들과 상담해 보면 '아무리 말려도 소용없어요. 작년에도 그랬는데, 올해도 그러네요.'라며 이야기하시곤 합니다.

이때는 어느 정도의 단호함 또는 일종의 거리 두기를 가르쳐주는 게 좋습니다. 친구들의 싫은 행동을 참고 있다면 이미 그 친구 관계에서 스트레스가 많은 겁니다. 친구 사이에서 하고 싶은 말을 제대로 못 하고, 싫은 행동마저 억지로 참는 그런 관계는 결코 건강한 친구 관계가 아니라는 걸 가르쳐 주셔야 합니다.

아이러니하게도 건전한 친구 관계를 위해 거리 두기를 할 줄 아는 아이에게는 친구들도 함부로 대하지 못합니다. 남을 조종하려 하는 가스라이팅도 극복하는 방법이 따로 있는 게 아니라, '그래도 상관없어.' 같은 태도라는 점을 염두에 두시면 좋겠지요.

친구 관계에서도 친구가 되길 애타게 갈구하는 아이는 친구가 되지 못하는 경우가 많습니다. 적당한 거리 두기가 성인 사이의 관계에서도 중요하듯이, 아이 관계에서도 그렇습니다.

"너에게 함부로 대하는 친구는 좋은 친구가 아니야. 굳이 그런 친구랑 친하게 지내려고 애쓰지 않아도 돼. 너를 지지해 주고 응원하고 좋아해 주는 친구가 아니라면 그런 친구하고는 거리를 둬도 괜찮아."

이런 건전하고 건강한 거리 두기가 없으면 나중엔 내 의견은 없고, 친구들이 하자는 대로만 하게 됩니다. 결국 친구 관계에 연연하면서 끌려다니게 된다는 것을 잊으시면 안 됩니다.

"정말 좋은 친구는 서로 이해하고 응원해줄 수 있어야 해. 너에 대한 뒷담화를 한다면 그건 좋은 관계가 아니야. 그런 친구에겐 그런 행동을 하지 말라고 단호하게 말하는 게 좋아."

비슷한 일이 지속된다면 담임 교사에게도 사실을 알리는 게 좋습니다. 아이들 사이의 일은 별것 아닌 일에서 시작되지만, 그냥 내버려 두면 나중엔 아무것도 아니었던 게 상처가 되고, 곪아서 급기야 터져 버리는 날도 옵니다.

22

친구가
물건을 던질 때

Q. 친구 중에 물건을 던지는 아이가 있어요. 가벼운 물건을 장난처럼 던지는데, 저희 아이는 그때마다 놀라서 움찔한다고 해요. 매번 쫓아 갈 수도 없고 마음이 불안합니다.

교실에서는 어떤 물건도 던지면 안 됩니다. 저는 교실에서 아이들에게 어떤 물건이든 던지지 못하게 했고, 혹시라도 줄 게 있다면 걸어가서 직접 손에서 손으로 넘겨주도록 지도했습니다. 덕분에 교실에서 학생들을 가르치는 동안 물건을 던져서 일어났던 사고가 한 건도 없었습니다.

아이가 건강하고 안전한 환경에서 잘 지내는 것은 학교생활에서 가장 중요합니다. 아이의 신변을 위협하거나 불안하게 만드는 요인이 지속되면 모두에게 안 좋습니다. 공격적으로 행동하는 아이도 안 좋고, 피해를 입는 아이에게도 안 좋습니다.

상처 주는 아이를 위해

물건을 던지는 것을 가볍게 여기면 습관처럼 몸에 뱁니다. 지우개 던지는 아이가 연필도 던지고, 연필 던지는 아이가 가위도 던집니다. 꾸준히, 반복적으로 지도해서 다른 친구들의 마음을 헤아려 보도록 해 주셔야 합니다. 유치원 때 블록을 던져서 친구를 아프게 한 경험이 있는 아이라면 특히 더 신경 써서 살펴보는 게 좋습니다. 이때 아이를 부끄럽게 만들거나 윽박질러서 야단하지 않아도 됩니다. 아이의 평소 행동을 주의 깊게 관찰해서 아이가 물건을 던지는 습관이 배어 있는지 살피면 됩니다. 아이가 공책을 던지거나 숟가락을 던지는 행위를 하면 힘주어 분명하게 말해주어야 합니다.

"물건은 어떤 것이든 던지면 안 돼. 아무리 작은 거여도 맞으면 아프고 기분이 나빠. 남에게 피해를 주는 행동은 옳지 않아. 친구에게 미안하다고 사과해."

상처받은 아이를 위해

장난인지 아닌지 판단해 보게 하세요. 이런 판단도 여러 번 해봐야 어떤 것이 장난이고, 어떤 것이 폭력인지 아이 스스로 가늠하게 됩니다. 신체적, 물리적 피해가 없고, 마음도 다치지 않았다면 장난으로 가볍게 봐주고 넘어갈 수도 있겠지요. 반면 신체적, 물리적으로 피해받았다면 장난이 아니라, 폭력입니다.

이런 기준을 알려 주고, 기준치를 넘어선 행동에는 단호하게 대응하는 게 좋습니다. 이건 아이가 자라면서 자주 겪을 상황이므로 자주 연습시켜 주세요.

친구: 지우개를 던진다.

나: (팔에 맞았는데, 아프진 않지만 기분이 조금 나쁘다)

💬 회피

나: (모른 척한다)

(불쾌하지만, 아무 말 없이 논다)

🗯 공격

나: 야, 너 나한테 지우개 던졌냐? 너 ** 새끼, 죽을래? (화를 내

139

거나 욕을 한다)

✅ 대응

나: 물건을 던지면 위험해. (상황 설명하기)

지우개도 세게 던지면 아파. 앞으로는 던지지 마. (짧고 분명하게

원하는 것을 말한다)

💬 함께 연습해 볼까요

우주 뒷자리에는 명환이가 앉아요. 명환이는 까불까불 장난치

는 걸 좋아하는 친구예요. 명환이는 요즘 지우개를 잘게 잘라서

친구들에게 던지고 놀아요. 오늘도 명환이는 지우개를 칼로 잘

게 잘라 놓고서는 수업 시간에 선생님 몰래 지우개 조각을 던지

고 있어요.

"아야, 하지 마."

우주의 짝꿍인 수아가 짜증을 냈어요.

"뭐? 임수아. 넌 공부나 해."

명환이는 한 마디도 지지 않고 수아에게 쏘아붙였어요.

"흥, 너 나한테 또 하기만 해 봐."

수아가 한 번 더 잔소리했지만, 명환이는 역시나 아랑곳하지 않았어요.

이번에는 '톡' 소리를 내면서 우주 머리에 맞고 지우개 조각이 떨어졌어요. 책상에 떨어진 지우개 조각을 보니, 전에 던지던 거랑은 다르게 제법 큰 조각이었어요. 우주는 명환이를 돌아보았어요.

"뭐, 왜 째려 봐?"

명환이가 무섭게 말했어요.

우주는 명환이에게 무슨 말을 해야 할까요?

23

친구가 간식을
사달라고 조를 때

Q. 친구 중에 간식을 사달라고 조르는 아이가 있어요. 큰돈은 아니지만, 여러 번 사달라고 조르니까 아이가 불편해 합니다. 이럴 때는 어떻게 말하면 좋을까요?

어느 5학년 아이의 학부모를 면담했을 때입니다. 그 아이가 학교 앞 문구점에서 친구들에게 물건을 자주 사 주었기 때문입니다. 아이는 친구들에게 아이스크림도 사 주고, 과자도 사 주고, 비싼 포토 카드도 사 줬습니다. 그래야 친구들이 같이 놀아 준다면서 사 줬다더군요. 물론 이 아이가 아이스크림이나 간식을 사 주면 같이 놀아 주고, 그렇지 않으면 안 놀아 주니까 아이는 매일 같이 학교 앞 문구점에 가서 간식이나 장난감을 사서 나눠주는 일을 반복하게 되었습니다.

아이들 가운데에는 친구들에게 물건이나 선물, 간식 등을 사 주고 환심을 얻으려는 아이도 있습니다. 학부모가 간식을 돌리거나 집에 초대해서 파티를 열어 주면서 아이들과 친해지게 만들려는 경우도 있고요.

안타깝지만, 어른이든 아이든 사람의 마음은 돈이나 물건으로는 얻을 수 없습니다. 아이든 어른이든 서로 신뢰하고 지지하는 마음이 쌓여야만 비로소 친구가 될 수 있습니다. 아이들은 마음을 솔직히 표현하기 때문에 맛있는 간식을 줄 때만 가까이 다가오고, 그렇지 않은 경우는 같이 놀 필요조차 못 느끼기도 합니다. 간식을 사 줘서 친해지기란 매우 어렵습니다. 제가 상담했던 사례처럼요.

만약 "내가 이번에 사줄 테니까 다음엔 네가 사 줘."처럼 주고받는 식은 어떨까요? 이것도 좋지 않습니다. 똑같은 금액의 간식을 주고받으면 좋겠지만, 그렇지 않고 어제는 비싼 걸 얻어먹고 정작 자신은 싼 걸 사 주는 아이도 있습니다. 그렇게 되면 비싼 걸 사 준 아이가 서운해 합니다. 실제로 이런 일이 종종 있으니, 아이가 갑자기 안 먹던 간식을 사 먹고 온다거나 하면 가정에서 유의해서 살펴보실 필요가 있습니다.

상처 주는 아이를 위해

친구에게 간식을 사달라고 한 경우, 아이가 왜 간식을 얻어먹으려는지 먼저 살펴보세요. 아이들은 배고파서도 먹지만, 허전해서도 먹습니다. 간식을 얻어먹는 것도 정말로 배가 고파서일 수도 있고, 허전한 마음을 달래고 싶은 심리적인 것이 원인일 수도 있습니다. 어떤 것인지 살펴보는 게 좋습니다.

부모가 지나치게 엄격하거나 무서워서 아이의 이야기를 잘 안 들어줬을 수도 있고, 부모와 대화가 잘되지 않고 부모에서 아이로 일방적으로 대화가 이루어져서 그럴 수도 있습니다. 부모 자신이 아이의 결핍을 초래한 것은 아닌지 먼저 살펴보는 게 좋습니다. 만약 심리적인 이유라면 부모가 관심을 가지고, 아이 마음을 들여다보려 노력하면 금방 좋아집니다.

심리적인 것이 원인이 아니고, 단지 배고파서라면 간식 문제를 어떻게든 해결해 주셔야 합니다. 학교가 끝나고 학원 가기 전에 비는 시간에 배가 고프다면 작은 간식을 싸서 보내거나 간단한 간식을 사 먹을 정도의 돈을 주는 게 차라리 낫습니다. 가끔 학교에서 나오는 급식은 대충 먹고, 간식만 먹으려 하는 아이들도 있습니다. 이런 경우라면 편식하는 습관도 함께 지도해 주셔야 하고요.

간식 문제가 지속되면 친구들 사이에서 얻어먹으려고만 하는 아이처럼 인식이 자리 잡게 됩니다. 아이의 인상이 안 좋아지는 것은 물론이고요. 학교 근처나 학원 근처에서 어떤 간식을 얼마나 사 먹는지 직접 확인해 보면 대략의 예산을 세워서 지도하실 수 있습니다.

"친구한테 간식을 사달라고 하면 안 돼. 간식은 엄마나 아빠가 사 줘야 하는 것이지, 친구가 사 주는 게 아니야. 어떤 간식을 어디에서, 언제 먹을 건지 말해 봐. 엄마랑 가서 한번 확인해 보자."

상처받은 아이를 위해

친구에게 간식을 사 줄까 말까 고민하는 것도 사실은 아이가 착해서 그렇습니다. 실제로도 거절하는 말이 어렵거나 친구에게 친절한 아이들이 이런 고민도 많이 합니다.

하지만 간식은 돈과 직접적으로 연관이 있는 만큼 굳이 사 주느라 마음고생할 필요가 없습니다. 간식은 지극히 사적인 문제이니, 각자 부모가 알아서 할 일이지, 아이가 애쓸 일이 아닙니다.

이렇게 남과 나의 경계를 세우는 일이 다소 어렵고 껄끄러운 일로 보일 수는 있지만, 그게 맞는 일입니다. 이 경계가 허물어질 때 친구 사이에도 문제가 벌어지는 것이고요. 조금 냉정해 보여도 경계를 잘 유지하도록 지도하는 쪽이 장기적으로 봤을 때는 이롭습니다.

"간식은 부모가 준 용돈으로 사먹는 거잖아. 네가 안 사 준다고 해도 나쁜 거 아니야. 괜찮아."

친구: 나 아이스크림 한 개만 사 줘.

💬 회피

나: 어, 어, 그래. 알았어. 이번만 사 줄게. (안 사주고 싶지만, 억지로 사준다)

💀 공격

나: 싫어. 내가 미쳤냐. 너한테 이런 걸 사 주게. (화내거나 욕

146

한다)

나: 미안하지만, 돈이 없어. (상황 설명하기)

너도 네 돈으로 사 먹는 게 좋겠어. (원하는 것 말하기)

엄격한 부모 VS
허용적인 부모

다이애나 바움린드라는 미국의 아동발달 전문가가 있습니다. 부모의 양육 태도에 따른 아이의 성장을 1967년부터 꾸준히 연구한 결과, 부모의 양육 태도를 크게 네 가지 유형으로 나누었습니다. 애정과 통제를 바탕으로 하는 이 유형별 양육 태도는 우리나라에도 널리 알려져 있습니다.

유형별 양육 태도

허용형 부모 애정은 많으나, 통제는 적은 유형	권위형 부모 애정이 많으나, 통제도 많은 유형
방임형 부모 애정이 적고, 통제도 적은 유형	독재자형 부모 애정이 적으나, 통제는 많은 유형

허용형 부모는 애정이 많지만, 통제가 적습니다. 아이가 해달라는 것은 다 해주고 싶고, 아이의 요구를 거절하지 않습니다. 상대적으로 혼내거나 야단치는 일이 적습니다. 가정에서 아이의 모든 요구를 다 들어준 허용형 부모의 자녀는 학교에 오면 천방지축 말썽을 부리는 일이 많습니다. 집에선 되는 일이 학교에선 안 되는 경우가 너무 많거든요. 친구들에게 함부로 말하거나 상처를 주는 일도 잦은데, 가정에선 아이의 모든 행동과 말이 다 허용되었기 때문입니다. 안타깝지만, 실제로 가해 학생 학부모와 면담해 보면 이런 유형의 부모가 꽤 많습니다.

방임형 부모는 애정과 통제 모두 적습니다. 아이가 하고 싶은 대로 다 하게 내버려 두면서 통제는 하지 않습니다. 오랜 시간 방임되어 자란 아이는 내면에는 애정이 결핍되어 있고, 밖으로는 천방지축인 채 학교로 옵니다. 가정과 학교가 함께 힘을 합해야 지도가 되는데, 그렇지 않고 학교에서 하는 지도를 가정에서 나 몰라라 하는 식이라 지도가 어렵습니다.

독재자형 부모는 애정은 적고, 통제는 많습니다. 숨도 못 쉴 만큼 무섭고 엄격한 부모의 모습을 떠올리면 이해가 쉬우실 겁니다. 부모가 아이의 모든 생활, 학업, 친구 관계, 행동까지 일일이 지시하고 통제합니다. 아이와 소통이 아닌 일방적 지시에 가까워 하나부터 열까지 부모에게 허락을 구해야 아이가 무엇이든 할 수 있는 삶의 태도를 내면화합니다. 이런 아이와 이야기해 보면 아주 간단한 일도 스스로 결정하지 못하고 '엄마에게 물어볼게요, 엄마가 하라고 하면 할게요.'처럼 대답합니다.

권위형 부모는 애정이 많으나, 통제도 많은 유형입니다. 권위라는 말을 하면 교사들도 싫어하고, 부모도 싫어하는 경우가 많은데, 실제로 가정에선 권위가 필요합니다. 교실에서도 권위가 필요하고요. 아이에게 필요한 것이고, 아이가 정당하게 요구한다면 요구를 들어주겠지만, 그렇지 않다면 단호하게 거절할 수 있는 게 권위형 부모입니다.

저는 교실에서 잘못된 행동에 잘못됐다고 말할 수 있어야 교사가 학생을 바르게 가르칠 수 있다고 믿습니다. 가정에서도 똑같습니다. 아이의 잘못된 행동을 부모가 번번이 감싸고 돈다면 아이는 배울 게 없습니다. 잘못된 행동도 좋은 것, 잘된 행동도 좋은 것이라면 무엇이 좋고, 무엇이 나쁜 것인지를 아이가 스스로 어떻게 판단할 수 있을까요.

부모는 아이가 하고 싶은 말이 무엇인지 귀담아들어야 합니다. 그래야 아이와 진정한 의사소통도 되고, 민주적으로 문제도 해결해 나길 수 있습니다. 전문가들은 이런 힘을 기르기 위해 아이들이 어릴 때 아주 작은 것부터 선택하는 기회를 주라고 말합니다. 저녁에 뭐 먹을지 메뉴를 정하게 하는 작고 사소한 것부터요.

이렇듯 부모가 허용과 단호함 사이에 단단하게 자리하고 있어야 아이도 바르게 자랍니다. 민주적인 권위를 갖고, 아이의 이야기를 주의 깊게 듣고 존중할 수 있어야만 우리가 기대하는 자존감 높고 당당한 아이로 자라는 것이지요.

25

돈을 빌려달라는 친구

Q. 친구 중에 돈을 빌려달라고 하는 아이가 있어요. 갚을 때도 있고, 안 갚을 때도 있는데, 그리 액수가 많지 않지만, 마음에 걸립니다. 아이들 사이의 돈 거래 문제는 어떻게 지도해야 할까요?

우선 아이들 사이에서 돈을 빌려주거나 빌리는 행동은 하지 않는 게 좋습니다. 학교 폭력인지 아닌지 판단하는 기준 중 하나가 신체적, 물리적 피해를 입었는가 하는 것인데, 돈을 빌려주고 못 받는 것은 아무리 소액이어도 상대방에게는 물리적인 피해를 주는 것이기 때문입니다.

실제로도 아이들 사이에서 돈을 빌려주거나 빌리는 행동이 문제가 되는 경우가 가끔 있습니다. 이런 경우도 조사해

보면 돈을 빌린 아이가 돈을 제때 갚지 않고 '미안해. 내일 줄게.', '잊어버렸어. 다음엔 꼭 줄게.' 이런 식으로 넘어가는 일이 반복돼 왔기 때문인 경우가 많습니다.

혹시라도 아이가 빌린 돈을 갚지 않아서 문제가 되었다면 빌린 돈을 바로 갚고, 늦게 갚은 것에 대해 사과해야 합니다. 경제적·물리적 피해는 어떤 경우에도 원래 상태로 복구해야 한다는 것을 잊으시면 안 됩니다.

한 번은 부모님이 아이에게 용돈을 주는데도 돈이 모자라서 갚지 못한 경우도 있었습니다. 학부모와 면담해 보니, 아이의 평소 씀씀이 등을 전혀 모르고 있었습니다. 용돈이든 준비물을 살 돈이든, 아이에게 돈을 줬다면 어디에 어떻게 썼는지도 정기적으로 확인하는 게 좋습니다. 고학년 남학생들 사이에선 고가의 게임 아이템을 부모님 몰래 사고팔기도 하거든요.

상처 주는 아이를 위해

아이들이 친구에게 돈을 빌리고 갚지 않는 데에는 그만한 이유가 있습니다. 흔히 볼 수 있는 예로는 용돈이 부족해서 갚고 싶어도 갚지 못하는 경우, 갚으려는 의도가 부족한 경우 등입니다.

물품이나 돈을 강제로 뺏었다면 학교 폭력으로 신고 당할 확률이 높습니다. 학교 폭력으로 신고되고 처분받더라도 아이의 채무 관계는 반드시 깔끔하게 정리하고 사과하셔야 합니다. 빌린 돈이 얼마인지 확인해서 정확하게 갚고, 그 돈을 어디에 썼는지 확인해서 앞으로 어떻게 행동할 것인지를 지도해 주시기 바랍니다.

"빌린 돈이 정확하게 얼마인지 말해봐. 친구에게 돈을 갚고, 미안하다고 사과해야 해. 그 돈이 왜 필요했는지도 찬찬히 이야기해 보자."

용돈이 있는데도 빌린 돈을 갚지 않았다면 못 갚은 게 아니라, 안 갚은 겁니다. 너와 나의 경계가 확실하다면 빌린 돈이나 물건을 갚습니다. 내 것과 남의 것 사이의 경계가 확실하게 서야만 함부로 돈을 빌리거나 빌려주는 일도 안 하게 됩니다.

"친구 돈은 친구 거야. 네 것이 아니야. 네 것이 아닌 걸 함부로 가져와도 안 되고, 빌려달라고 해도 안 돼. 필요한 게 있으면 엄마한테 말해. 친구에게 물건이나 돈을 빌렸다면 꼭 돌려줘야 해. 돌려주지 않는다면 그건 친구 물건이나 돈을 뺏는 것과 똑같아. 그건 나쁜 짓이야.
하면 안 돼."

상처받은 아이를 위해

돈이나 물건을 빌려주고도 못 받으면 마음이 불안하고
찜찜합니다. 자신감도 자꾸 떨어지고, 왠지 모르게 위축
되기 쉽습니다. 내 것에 대한 경계를 세우지 못해서 스
스로 자신이 소유한 물건을 지키지 못했기 때문입니다.
내 물건은 곧 내 것이고, 나를 대신하는 것과 같습니다.
내 물건이나 돈을 뺏겼다면 곧 내 것을 뺏긴 것이고, 나
자신을 뺏긴 것이니 자신감이 떨어질 수밖에요.
내 물건과 내 돈에 대한 권리를 주장하는 일은 당연한
일입니다. 남이 가져가서 돌려주지 않는다면, 돌려달라
고 요구하는 것이 정당하고 옳은 일입니다. 이런 점을
분명하게 지도해 주시고, 담임 교사에게도 사실을 이야
기해서 같은 일이 다시 일어나는 일이 없도록 하셔야
합니다.
"네 돈은 네 것이야. 친구가 마음대로 가져가거나 뺏어

갈 수 없어. 네가 달라고 말하는 건 당연한 거고, 잘하는 일이야. 그러니까 친구에게 돈을 갚으라고 말해도 돼. 언제까지 갚을 것인지 정확하게 요구하고, 그렇게 하지 않는다면 선생님에게 말해야 해."

친구가 물건이나 돈을 빌려달라고 했을 때 눈곱만큼이라도 내키지 않는다면 과감하게 거절해도 됩니다. 돈을 빌려달라는 부탁을 거절한다고 나쁜 사람이 되는 게 아닙니다. 이건 친절이나 호의하고는 상관이 없습니다. 내 것이냐, 네 것이냐의 구분을 하는 것이지요.

"지우야, 네 돈은 네 거야. 아무에게도 안 빌려줘도 돼. 안 빌려줘도 나쁜 사람이 되는 거 아니야. 네가 안 빌려준다고 해도 아무도 너한테 뭐라고 하지 않아."

친구: 아, 내가 나중에 갚는다고 했잖아. 왜 자꾸 따라다니면서 귀찮게 해.

💬 회피

나: 아니, 그게 엄마가 자꾸 물어보니까……. (끝을 흐리면서 불분명하게 말한다)

친구: 내가 준다고 했잖아. 왜 자꾸 귀찮게 해.

나: 저번에 빌려 간 것도 안 갚았잖아. 지난번 빌린 거까지 다 토해내. (화내면서 소리 지른다)

친구: 다음에 줄게. 지금은 없어.

나: 네가 나한테 지난주 토요일에 빌린 돈 오백 원을 갚았으면 좋겠어. (누가, 무엇을 어떻게 했는지 분명하게 사실을 말하기)

갚지 않으면 부모님과 선생님에게 말할 거야. (담임 교사와 부모에게 도움 요청하기)

💬 함께 연습해 볼까요

우주는 학교 앞 문구점에 갔다가 우연히 주민이를 만났어요. 주민이 표정이 딱딱해 보였어요. 평소에도 말투가 상당히 사납고 매서운 주민이는 우주에게 대뜸 물어봤어요.

"야, 장우주. 너 여기 왜 왔냐?"

"어, 나 뭐, 준비물 사러……."

우주가 쭈뼛거리면서 말했어요.

"나 천 원만."

"어? 처, 천 원?"

주민이는 전에도 우주한테 돈을 빌려달라고 했는데, 또 돈을 빌

려달라고 해요.

"없는데……."

"진짜 없어?"

"어. 없어."

"그러지 말고, 너 지금 들고 있는 거 그것 좀 빌려줘. 금방 갚을

게."

주민이는 우주가 색종이를 사려고 꺼낸 천 원짜리 지폐를 바라

보면서 말했어요.

우주는 주민이에게 어떻게 말해야 할까요?

26

규칙을 잘
안 지키는 친구

Q. 놀이나 게임을 할 때 규칙을 안 지키는 친구가 있대요. 저희 아이는 고지식할 정도로 규칙을 잘 지키기 때문에 이런 일이 불편하다고 해요. 어떻게 말해야 친구도 저희 아이도 기분이 안 나쁘게 지낼 수 있을까요?

제가 4학년을 담임했을 때 규칙을 잘 지키는 아이가 있었습니다. 숙제든 준비물이든 놀이든 수업이든 어떤 규칙이든 칼 같이 잘 지키는 아이였습니다. 학부모와 상담할 때 이 부분을 칭찬했더니, 그때 이와 똑같이 "아이가 규칙은 잘 지키는데, 너무 고지식해서 답답해요."라는 말을 하셨습니다.

아이들 가운데에는 정해진 규칙과 약속을 유난히 잘 지키는 아이도 있습니다. 이런 아이들은 교사가 복도에서 줄 서서 기다리라고 하면 교사가 보든, 보지 않든 간에 교사의 지시를 그대로 따릅니다. 설사 다른 아이들이 까불고 장난쳐도 아이는 줄을 섭니다.

부모 보기엔 다소 답답해 보일 수 있지만, 학교에선 이게 당연한 거고, 잘하는 일입니다. 이런 행동과 말이 꾸준히 쌓이면 아이에 대한 신뢰감으로 남습니다. 한 번 쌓인 신뢰는 아이의 학교생활에 득이 되지 결코 해가 되진 않습니다. 믿어 주고 지지해 주시는 게 좋겠지요.

때로는 "친구가 규칙을 안 지키니까 나도 안 지킬래." 같은 말을 아이가 할 수도 있습니다. 하지만, 규칙은 누군가를 위해서 지키는 게 아닙니다. 나 자신을 위해서 지키는 것이지요. 친구가 지키든 아니든 나는 내가 해야 할 옳은 일을 하면 되는 것입니다.

약속을 안 지킬 때 돌아오는 것은 처음엔 사소한 불편함이지만, 반복된다면 친구들 사이에선 신뢰를 잃고, 담임 선생님도 아이의 말이나 행동을 믿어 주지 않게 됩니다. 자잘한 약속과 규칙을 잘 지키는 것이야말로 기본적인 신뢰 관계를 만들어 가는 시작입니다.

상처 주는 아이를 위해

이런 의미에서 생각한다면 작은 규칙도 소중하게 생각하고 지키도록 함께 노력해야 합니다. 가정에서도 이 부분을 강조해 주셔야 아이들이 작은 규칙이나 약속도 소중하게 여기고 지키려고 노력합니다.

이걸 가볍게 여겨서 "에이, 괜찮아. 애들끼리 놀 때는 다 그래. 그 정도는 어겨도 아무 일 없어."처럼 말씀하신다면 어떻게 될까요? 안타깝지만, 작은 약속을 소중하게 생각하지 않는 아이는 큰 약속도 어기기 마련입니다.

"체육 시간에 공놀이할 때도 규칙이 있지? 안 그러면 아무나 공을 잡아서 던지고 장난칠 거잖아. 그렇지? 너는 규칙을 잘 지키는 편이니, 안 지키는 편이니? 엄마는 네가 학교에서 어떻게 공놀이하는지 본 적이 없어서 모르지만, 너는 너 자신이 어떤 행동을 해 왔는지 잘 알겠지. 만약에 규칙을 잘 안 지켰다면 앞으로는 꼭 지켜야 해. 그래야 친구들이랑 잘 지낼 수 있어."

상처받은 아이를 위해

약속을 잘 지켜야 여럿이서 같이 놀기 좋습니다. 여럿이 함께 어울리려면 더더욱 그렇습니다. 교실에선 이런 아이가 신뢰받고, 존중받습니다. 이 부분을 정확하게 이야기해 주고, 격려해 주시면 마음이 한결 편해집니다.

아이가 규칙을 안 지키는 친구 때문에 속상해하면 이렇게 말해주세요.

"친구가 규칙을 지키든 그렇지 않든 넌 네 할 일을 하는 거야. 누가 보든 말든 상관없이 넌 네 할 일을 하면 돼. 학교에선 약속을 잘 지키는 게 좋은 거야. 친구가 약속을 지키지 않는다면 친구에게 부드럽게 말해 주렴. 약속을 잘 지켜달라고. 안 그러면 같이 놀기 어렵다고 말이야."

규칙을 잘 안 지키는 아이를 위해

"작은 약속을 잘 지켜야 큰 약속도 지키는 훌륭한 사람이 되는 거야. 훌륭한 사람으로 잘 자라려면 네가 하는 행동과 말에 책임을 져야 해. 그러려면 자잘하고 시시해 보이는 규칙이더라도 네가 먼저 나서서 실천하렴. 그럴 수 있지?"

규칙은 단체 생활을 원활히 하기 위해 지켜야 하는 최소한의 안전장치입니다. 또한 앞으로 성인이 되어, 많은 사람과 함께 어울려 살아가기 위한 최소한의 준법정신을 내면화하는 일입니다. 장기적으로 봤을 때도 그렇지만, 단기적으로도 그렇습니다.

친구: (보드게임을 하는 동안 정해진 룰을 안 지키고 마음대로 한다)

💬 회피

나: 그러지 마. (정확하게 표현하지 않고 있다)

친구: 뭐어, 그럼 너도 네 맘대로 하던가.

나: 아니, 그게 아니고……. (우물쭈물한다)

😠 공격

나: 야, 너 왜 맘대로 해. 그러면 애들이 싫어해. 너랑 아무도 같이 안 하려고 할 거야. 지금도 그렇잖아. (화를 내거나 소리 지른다)

✅ 대응

나: 여럿이 함께 놀려면 규칙을 잘 지켜야 해. 그래야 모두가 함께 재밌게 놀 수 있어. 너도 규칙을 지켜 줘. (원하는 것을 분명하게 말한다)

우주는 학교가 끝나고 운동장에서 아이들과 피구를 했어요. 우주는 신나게 뛰어다니면서 공을 요리조리 피했어요. 그러다가 우주는 명환이의 발이 경기장 금을 살짝 넘어간 걸 보았어요. 그 순간, 명환이와 우주의 눈이 딱 마주쳤지요.

"명환아, 너 금 밟았어."

우주가 말했어요.

"내가 언제?"

명환이는 시치미를 뗐습니다.

"너 방금 금 밟아서 아래 쳐다본 거잖아."

"에이, 뭘 이런 걸 가지고 그래. 뛰어다니다 보면 금도 밟고 하는 거지. 그냥 해."

명환이는 우겨 댔어요.

"안 돼. 너 규칙 어겼잖아."

명환이는 우주의 말에 흥, 하고 코웃음을 쳤어요.

"그래서 뭐? 그럼 너도 어기면 되잖아."

"뭐?"

우주는 황당했어요. 우주는 지금까지 한 번도 규칙을 어기면서 놀이를 해 본 적이 없거든요.

여러분이 우주라면 어떤 말을 하고 싶나요?

27

같이 놀기 싫다고
말하지 못하는 아이

Q. 아이가 평소에 같이 놀기 싫어하는 친구가 있어요. 그 아이는 고집도 세고, 행동도 거칠어서 조용한 성격의 저희 아이는 같이 노는 걸 부담스러워 합니다. 그렇다고 딱히 거절도 못 해서 계속 끌려다니는 것 같아요. 이럴 땐 어떻게 말하는 게 좋을까요?

성인의 대인 관계는 여러 가지를 고려합니다. 싫어도 좋은 척하거나 어울리지 않아도 되지만, 관계를 굳이 유지하기도 합니다. 겉과 속이 얼마든지 다를 수 있습니다. 아이들은 그렇지 않습니다. 아이들은 한참 다툰 다음에도 언제 그랬냐는 듯이 금세 다시 놀고, 내내 같이 다니다가도 몇 시간 만에 토라져서 절교하네, 마네 하지요.

이게 아이들의 교우 관계를 고민할 때 특별히 고려해야 하는 부분입니다. 아이들 관계를 어른들 관계처럼 생각하면 다신 같이 놀지 말라는 식으로 지도하게 됩니다. 아이들 사이에 앙금이 남아 있다거나 오래전부터 반복되어 온 심리적, 물리적 피해가 있는 경우가 아니라면 얼마든지 아이들은 화해도 하고, 아무렇지 않게 잘 놀기도 합니다.

부부싸움이 칼로 물 베기라고 말하듯이 아이들 사이에서 벌어지는 크고 작은 다툼도 얼마든지 그럴 수 있다고 보는 게 좋습니다. 가볍게 다툰 일로 그 친구와 다신 놀지 말라고 관계를 끊게 하면 아이는 갈등에서 배울 게 없어집니다.

갈등과 문제 속에서도 배울 게 있고, 아이들은 그 안에서도 성장합니다. 갈등을 무조건 회피할 게 아니라 인간관계에선 얼마든지 갈등이 있을 수 있으니, 친구에게 하고 싶은 말이 있으면 상처 주지 않고 부드럽게 할 말을 해야 한다는 쪽으로 지도해 주시는 편이 좋습니다.

다만, 정말로 성격이 안 맞고 놀기 싫어한다면 부드럽게 거절하도록 지도해 주시는 게 좋습니다. 아이들도 어른들처럼 같이 있고 싶은 친구가 있고, 그렇지 않은 친구가 있습니다. 사람의 관계란 어떤 경우에도 일방적일 수 없습니다. 상대 아이가 아이를 귀찮게 할 정도로 억지로 같이 놀자고 조른다면 부드럽게 거절하는 말을 하는 게 서로에게 도움이 됩니다.

상처 주는 아이를 위해

한 번만 같이 놀아도 서로 찰떡같이 잘 맞는 친구가 있고, 아닌 친구가 있습니다. 잘 맞는 친구와 친해지는 건 자연스러운 일이지만, 그것도 내 기준일 뿐이고 상대방 친구는 다르게 생각할 수도 있습니다. 친구가 나를 좋아하지 않을 수 있다는 것을 솔직하게 인정하고 받아들여야만 억지로 놀아달라고 조르는 일이 없습니다.

"네가 친구랑 같이 놀고 싶어도 그 친구는 너랑 같이 놀기 싫을 수도 있어. 그럴 때마다 억지로 조르거나 귀찮게 할 수는 없어. 그건 친구가 귀찮아하고 싫어하는 일이니까. 정말로 같이 놀고 싶다면 친구가 너랑 같이 놀 수 있을 때까지 기다려야 돼. 그렇게 기다릴 수 있겠니?"

상처받은 아이를 위해

친구가 놀고 싶어 한다고 해서 꼭 같이 놀아야 하는 건 아닙니다. 왜 놀지 못하는지 설명해 주고, 적절하게 거절하면 됩니다. 거절도 부드럽게 선을 긋는 말이기에 연습하고 반복해서 입에 배어 있는 게 중요합니다. 거절은 나쁜 것이 아니기에, 거절 때문에 친구 사이가 멀어진다면 그 관계는 이미 제대로 된 좋은 관계라고 보긴 어렵습니다.

"친구랑 놀기 싫을 때는 같이 놀기 싫다고 솔직하게 말해줘. 네가 아무 설명도 없이 짜증을 낸다거나 친구한테 화를 낸다거나 하면 친구는 왜 그러는지 몰라서 당황하고 속상할 수도 있어. 친구 마음도 중요하지만, 네 마음은 더 중요해. 네가 억지로 싫은 걸 참아야 한다면 네 마음이 속상하겠지. 그러니까 친구한텐 왜 같이 놀 수 없는지 설명해 주렴."

💬 **회피**

친구: 우리 오늘도 같이 운동장에서 놀래?

나: 아, 그게, 엄마가 같이 놀지 말고 집에 오랬는데…….

169

(핑계를 대면서 말끝을 흐린다)

[⚔ 공격]

친구: 우리 오늘도 학교 앞 문구점 들러서 집에 같이 가는 거지?

나: 내가 왜? 미쳤냐? 너랑 같이 집에 가게? 절대 안 돼. 난 너랑 같이 놀기 싫으니까 꺼져. (상처 주는 말을 한다)

[✅ 대응]

친구: 우리 오늘 너희 집에서 같이 놀까?

나: 미안하지만, 안 돼. (부드럽게 거절하기)

너랑 놀이터에서 노는 건 좋지만, 우리 집에서 노는 건 안 돼. (되는 것과 안 되는 것 구별하기)

엄마가 친구 데리고 오는 건 안 된다고 했거든. 나도 데려가고 싶지 않아. (안 되는 이유 설명하기)

💬 함께 연습해 볼까요

상황: "우주야, 나 오늘 너희 집에 놀러 가도 돼?"

명환이가 물어봤어요. 명환이는 부모님이 자주 집에 늦게 들어

오시기 때문에 혼자 집에 있을 때가 많아요. 혼자 있으면 심심

하니까 같은 아파트에 사는 우주네 집에 가서 놀다 가려는 거예요.

"가도 되지?"

명환이는 우주가 뭐라고 대답하기도 전에 또 물어요.

"어? 최우주, 나 가도 되는 거지?"

우주는 뭐라 대답할지 망설여졌어요. 우주네 엄마가 얼마 전에

아무 때나 친구를 집에 데려오지 말라고 말했거든요.

"최우주, 나 지금 너 갈 때 같이 가면 돼?"

명환이는 가방까지 메고 우주에게 물었어요.

"어, 그게……."

여러분이 우주라면 명환이에게 무슨 말을 하고 싶나요? 같이

이야기 나눠 볼까요?

밤늦게 메시지를
보내는 친구

몇 년 전에 6학년 여학생 학부모가 면담을 요청했던 적이 있습니다. 다른 여학생이 늦은 시간에도 카톡을 계속 보내오는 바람에 아이가 생활하기 어려울 정도로 힘들다는 내용이었습니다.

그게 '왜 문제가 될까? 아이들 사이에서 그럴 수도 있지 않을까?'생각할 수도 있지만, 이 역시 엄격한 의미에선 문제가 될 수 있습니다.

학교 폭력은 앞에서도 설명했듯이 범주가 폭넓고 다양합니다. 가해 학생이 피해 학생에게 학교 내외의 활동에서 신체적, 물리적, 정신적 피해를 준 경우면 모두 학교 폭력의 범주에 들어갑니다. 이 사안도 학생이 심각한 정신적 스트레스를 호소했기 때문에 마찬가지로 학교폭력으로 볼 가능성이 있었지요.

다행히 담임 교사가 학생들과 꾸준히 상담하고 소통하는 등 노력한 덕분에 갈등이 원만히 해소되긴 했지만, 아무리 아이들 일라고 해도 감정이란 일방적일 수도 없다는 걸 보여 주는 예라고 할 수 있을 것입니다.

만약 계속해서 문자를 보내거나 SNS 메신저로 연락해서 아이의 생활에 영향을 주는 친구가 있다면 상대 아이에게 마음이 불편하다고 정확하게 말하도록 지도하는 게 좋습니다. 자칫 대수롭지 않게 생각하고 메신저 연락을 내버려 두었다가는 실제로 아이의 일상에 지장을 주기도 하고, 이 사안처럼 아이가 스트레스를 받기도 합니다.

또한 나중에 가서 힘들다고 하면 '뭐야, 너도 좋아하는 거 아니었어? 내가 문자 보내면 너도 답장했잖아. 싫은 거면 진작에 말했어야지.'처럼 뜻밖의 이야기를 할 수도 있고요. 상대 아이로서는 늦은 시간까지 답장받는다는 것 자체가 두 아이의 마음이 똑같다는 긍정의 표시로 이해될 수 있기 때문입니다.

이럴 때는 정확하게 몇 시까지, 어느 정도까지만 문자 연락이 가능한지 설명해 주는 게 좋습니다.

"나는 9시까지만 답장할게. 그보다 늦으면 엄마도 싫어하고, 학원 숙제도 하기 힘들어. 네가 이해해 줘."

29

같이 놀고 싶다는
말을 못해요

Q. 아이가 같이 놀고 싶어 하는 친구가 있는데, 그런 표현을 잘 못해요. 수줍어하고 부끄러워해서 친구에게 같이 놀자는 말도 못 했다고 하네요. 집에 와서는 말을 잘하는데, 왜 밖에 나가선 잘 못할까요?

이 사례는 '같이 놀고 싶다.' 즉, 자신이 상대에게 원하는 것을 말해야 하는 경우입니다. 대화에선 거절도 중요하지만, 원하는 것을 잘 말하는 것도 중요합니다. 남에게 상처를 주지도 않고, 받지도 않는 말하기여야 나도 지키고 남과의 관계도 지킬 수 있기 때문입니다.

특히 성격적으로 소심하고 내성적이라고 해도 원하는 것을 얼마든지 말할 수 있다는 것을 꼭 기억하셔야 합니다. 실제로도 교실에서 보면 내성적이고, 수줍음이 많은 아이여도 할 말을 다 하는 아이가 있고, 공격적이고 화가 많은 아이여도 할 말을 제대로 못 하고 주먹만 내지르는 경우가 있답니다.

원하는 것을 말할 때는 어느 정도의 용기가 꼭 필요합니다. 아이들 사이에선 "같이 놀고 싶어.", "같이 집에 가고 싶어.", "나랑 같이 이거 해볼래?" 같은 말이야말로 가장 어렵고 용기가 필요한 말들입니다. 어떤 아이에겐 아무것도 아닌 말이지만, 익숙하지 않은 아이들에겐 입에서만 뱅뱅 맴도는 말이지요.

이런 말을 꺼낼 용기가 하루아침에 갑자기 생기진 않습니다. 꾸준한 연습과 반복이 아이를 똑같은 상황에서도 더 당당하고 자신 있게 말할 수 있도록 해줍니다.

친구: 너 이거 해 봤어? 같이 놀래?

💬 회피

나: 어? 아니, 괜찮아. (같이 놀고 싶지만, 쑥스러워서 괜찮다고 말한다)

👊 공격

나: 재미없어 보이는데? 난 너랑 같이 안 놀고 싶어. 괜찮아.

필요없어.(거짓말하거나 화를 낸다)

✅ 대응

나: 나도 같이 할 수 있을까? 나도 그거 해 보고 싶어. (원하는 것 분명하게 말하기)

친구: 넌 안 해 봤잖아. 이거 어려운 거야.

💬 회피

나: 알았어. 안 할게. (하고 싶지만 무관심한 척한다)

⊗ 공격

나: 뭐야, 너 나 무시하냐? 재미도 없어 보이네. (화를 낸다)

✅ 대응

나: 어려운 거면 어떻게 하는지 알려줘. 배워서 해볼게. (원하는 것 말하기)

우주네 옆반에는 마리라는 여자아이가 얼마 전에 전학을 왔습니다. 복도에서 몇 번 마주쳤는데, 웃을 때도 예쁘고 말할 때도 무척이나 귀여웠습니다. 우주는 마리랑 친해지고 싶었어요.

마침 점심시간에 지나가던 마리와 복도에서 마주쳤어요.

"어, 너 최우주지? 1반 맞지? 안녕? 난 윤마리야."

마리는 우주를 보며 반갑게 말을 걸어왔어요.

마리와 친해지고 싶었던 우주지만, 무슨 말을 해야 할지 몰라서 순간적으로 얼어붙었어요. 여러분이 우주라면 무슨 말을 하고 싶나요?

30

행동이나 말을
따라 하면서 놀릴 때

Q. 아이가 하는 행동이나 말을 따라 하면서 놀리는 친구가 있습니다. 항상 꼬투리를 잡아서 놀려 대는데, 아이는 이거에 대해 뭐라고 하지를 못해요. 하지만 아이들 앞에서 창피를 당했다면서 스트레스를 받습니다. 어떤 식으로 지도해야 할까요?

아이들은 친구가 하는 것을 따라 하고, 의견에 동조하려는 경향이 있습니다. 또래 집단이 만들어지면 그 안에서 행동하고, 의견을 일치시키려 하지요. 또래 집단 안에 있으면 힘을 얻고, 이 힘이 또 다른 시너지를 내서 더 큰 힘을 얻기도 합니다. 이것이 또래 집단의 힘이기도 하고, 한편으로는 아이들이 그만큼 또래 집단에 소속되고 싶어 하는 이유입니다.

또래 집단은 나쁜 일도 함께하지만, 좋은 일도 함께합니다. 또래 집단의 힘을 좋은 쪽으로 활용하면 부정적인 일을 할 때의 압력을 이겨낼 수 있기도 합니다. 또래 집단에서 하려는 일에 대한 압력을 또래 압력이라고 부릅니다. 또래 압력은 같은 일을 하게 만들기도 하고, 하기 싫은 일을 억지로 하게 하기도 합니다.

심리학자 프린스타인에 따르면 가정이 화목하거나 소통 능력이 뛰어난 아이들은 또래 압력에도 잘 저항한다고 합니다. 아이가 흔들릴 때도 부모만큼은 아이를 끝까지 믿어 주고 지지한다면, 부정적인 또래 압력에도 저항하는 아이가 될 수 있을 겁니다.

친구들 앞에서 짓궂게 장난치거나 일부러 창피를 주는 아이들이 가끔 있는데요. 일부러 장난을 치면서 놀리는 말을 한다면 그 의도를 생각해 볼 필요가 있습니다. 보통은 다른 아이들 앞에서도 동조를 구하면서 이런 말을 하는 경우가 많기 때문입니다.

예를 들면 이런 식입니다.

"너희 아까 지수 뜀틀 넘는 거 봤어? 지수 되게 웃기지 않았니? 내 옆에 있는 애들이랑 엄청 웃었잖아."

"지수는 선생님이 발표시킬 때마다 아기 같은 목소리를 낸다? 아, 진짜 웃겨."

'이건 나 혼자만의 생각이 아니라, 다른 친구들도 그렇게 생각한다. 그러니까 이건 많은 아이의 생각이다. 내가 특이하게 널 놀리는 게 아니라, 모든 아이가 나와 똑같이 일반적으로 하는 생각이다.'라는 논리입니다.

이걸 다른 말로는 성급한 일반화의 오류라고 합니다. 혼자만의 생각을 마치 일반적으로 누구나 하는 생각인 것처럼 말하는 오류이기 때문에 성급한 일반화라고 부릅니다. 이렇게 다른 사람의 동조를 구하는 사람 앞에서는 사실 어른도 쉽게 말하기가 어렵습니다.

이런 논리적 오류를 깨기 위해서는 그건 네 생각이고, 다른 친구들 모두의 생각이 아니라고 일반화할 수 없음을 정확하게 말해 주어야 합니다.

친구: 너희도 다 봤지? 얘 되게 웃기지 않았어?

친구들: 그러니까 말이야. 되게 웃겼어. 하하하. (동조하는 말을 한다)

💬 회피

나: 어, 그게 아니고……. (우물쭈물하면서 얼버무린다)

친구: 얘 아까 되게 웃겼지? 너희도 다 그렇게 생각하지 않았어?

친구들: 어, 맞아, 맞아. (동조한다)

😠 공격

나: 뭐? 너희들 지금 그걸 말이라고 해? (화를 내거나 욕을 한다)

친구: 아까 체육 시간에 지수가 철봉에 매달리기를 할 때 되게 웃기지 않았어? 막 손을 떨더라.

친구들: 그러니까 말이야. 하하하. 엄청 웃었어. (함께 놀린다)

✅ 대응

나: 그건 네 생각이지. (부드럽게 선 긋기)

그만해. (원하는 것 분명하게 말하기)

상처 주는 아이를 위해

어럿이서 한 아이를 놀리더라도 누군가는 핵심적인 말이나 행동을 보입니다. 놀리는 말의 물꼬를 먼저 터서 함께 놀리도록 만드는 결정적인 역할을 하는 아이도 있고요. 만약 자녀가 핵심적인 역할을 하면서 친구를 놀렸다면 미안하다는 말을 정확하게 하고, 반드시 사과해야 합니다.

'우리 애는 단순하게 가담만 했다. 우리 애는 별말 안 했다. 우리 애는 그런 뜻으로 한 게 아니다.'와 같은 말로 회피하지 말고, 명확하게 잘못한 점을 인정하고 사과하는 게 좋습니다. 장기적으로 봤을 때, 아이가 친구들과 골고루 잘 지내면서 행복하고 건강한 관계를 맺기 위해서는 잘못을 인정하고 실수를 사과하는 태도를 기본적으로 지녀야 하기 때문입니다.

"친구에게 상처를 주는 말을 하면 안 돼. 네가 한 말이 남에게 상처를 줬다면 언젠가는 너에게도 똑같이 돌아올 수 있어. 항상 다른 사람의 마음을 헤아리면서 말하는 버릇을 들여야 해. 어떤 말이 친구에게 상처가 됐는지 주의 깊게 생각해 보고, 마음을 다해서 사과하렴. 친구에게 잘못한 게 있다면 무엇 때문에 미안하다, 정확하게 사과해."

상처받은 아이를 위해

친구들이 같이 놀리는 말을 여러 차례 했다면 아이가 혼자 많이 속상했을 겁니다. 이 마음을 헤아리고 따뜻하게 감싸 주시는 것이 중요해요.

"친구들이 그런 말해서 속상했지? 엄마도 여럿이서 같이 놀리면 뭐라고 대답해야 할지 몰라서 난처할 거야. 당황할 거고. 엄마는 어른이지만, 어른도 그런 말엔 쉽게 대답하기 어려워. 넌 어린이니까 못 하는 게 당연한 거야. 괜찮아. 엄마는 그 마음 이해해. 엄마랑 같이 연습해 보고, 다음엔 좀 더 당당하게 말해보자."

💬 함께 연습해 볼까요

"얘들아, 너희 오늘 마리 옷 입은 거 봤냐?"

세랑이가 아이들과 이야기를 나누고 있었어요. 마리는 얼마 전에 옆 반에 전학을 온 친구입니다.

"어, 치마 되게 긴 거 입었더라. 완전 촌티 나."

세랑이 옆에서 소라가 맞장구쳤어요.

"그렇지? 요즘은 치마 무조건 짧게 입잖아. 그렇게 긴 걸 요새 누가 입냐? 안 그래?"

세랑이가 친구들을 둘러보면서 말했습니다.

"우주야, 너도 그렇게 생각하지 않아? 넌 옷 되게 잘 입잖아."

세랑이가 우주에게 물어봤습니다. 세랑이와 이야기 나누던 다른 아이들이 일제히 우주를 바라보았습니다.

우주는 무슨 말을 해야 할지 몰라 우물쭈물했습니다.

여러분이 우주라면 어떤 말을 하고 싶나요? 이야기 나눠 볼까요?

학교안전공제회가 뭔가요

아이들이 학교에서 생활하다 보면 온갖 사건 사고가 일어나기 마련입니다. 가끔은 다치기도 하고요. 체육 시간이나 점심시간, 쉬는 시간, 방과후 시간 등 상대적으로 활동이 많은 시간대가 아무래도 사고가 가장 자주 일어납니다. 학교에는 아이들이 교육활동 중에 일어나는 사고에 대해 보상을 해 주는 제도가 있는데요. 이게 바로 학교안전공제회입니다. 일종의 학교 보험이라고 생각하시면 이해가 쉬우실 겁니다.

그럼 어떤 것이 교육활동일까요?

① 통상적인 경로 및 방법에 의한 등 · 하교 시간

② 휴식시간 및 교육활동 전후의 통상적인 학교 체류 시간

③ 학교의 장의 지시에 의하여 학교에 있는 시간

④ 학교장이 인정하는 직업 체험, 직장견학 및 현장실습 등의 시간

⑤ 기숙사에서 생활하는 시간

⑥ 학교 외의 장소에서 교육활동이 실시될 경우, 집합 및 해산 장소와 집 또는 기숙사 간의 합리적 경로와 방법에 의한 왕복 시간을 말합니다.

아이들은 비단 교실에서만 공부하고 활동하는 게 아니라 점심시간에 운동장에서 놀다가 다칠 수도 있고, 쉬는 시간에 계단에서 넘어질 수도 있습니다. 이런 사고에 대해서 보상을 해 주는 제도인 것입니다.

학교마다 업무를 맡고 있는 담당자가 다를 수 있는데, 저희는 행정실에서 업무를 맡고 있습니다. 학부모는 담임 교사에게 안전공제회에서 보상해 줄 것을 희망한다고 이야기하면 나머지는 학교에서 처리합니다. 내부적으로는 학교장의 결재를 받아서 안전공제회 시스템에 사고경위와 내용 등을 자세하게 입력하는 절차가 있지만, 이건 학부모와는 직접적으로 상관이 없기 때문에 학부모는 명확하게 안전공제회 보상에 대한 의사를 밝히면 절차에 따라 처리됩니다.

절차에 따라 진행되는 상황은 담임 교사도 모릅니다. 담당자가 따로 있지만, 담당자도 공제회 내부에서 진행되는 내용은 마찬가지로 모릅니다. 학교에선 보상을 신청하고, 나머지는 공제회에서 진행하는 것이니까요. 우리가 개인적으로 보험을 청구하면 심사가 끝나야 보험금이 지급되는 것처럼 시간이 걸리려니 마음먹고 기다리시는 게 좋겠지요.

특히 안전공제회는 한 번 보상했다고 해서 끝나는 게 아니고 경우에 따라서는 학교를 졸업한 다음에도 보상이 이어지기도 합니다. 우리 학교에서도 6학년 때 학교에서 다쳤던 학생이 졸업한 다음에 중학교에 가서도 치료비를 지원받았던 경우가 있었습니다.

학교에서 안전사고가 발생하면 발생 즉시 통지하고 치료비에 대해 공제 급여를 청구해야 하는데, 지금은 학교안전사고 보상지원시스템에서 사고통지서를 입력하게 돼 있습니다.

사고통지서에는 사고 당사자 학생의 성명, 생년월일 및 성별, 학년과 반, 지도교사 및 작성자, 사고 시간, 사고 장소, 사고 형태, 사고 매개물, 사고 부위, 사고 당시 활동, 사고 의도성, 사고 경위, 사고 발생 후 긴급 조치 내용 등을 써야 합니다.

학교 또는 학부모는 일단 학생을 치료한 다음, 사고 이후라도 3년 이내에 공제급여청구서, 청구인 통장 사본, 의료비 영수증 원(사)본, 진단서 원(사)본, 주민등록등본 등을 제출하면 청구할 수 있습니다.

학교안전공제회에서는 공제급여를 지급할지 말지, 사고 경위를 조사합니다. 보험회사에서 사고가 나면 경위를 조사하는 것과 똑같습니다. 조사가 끝나면 공제급여를 청구받은 날부터 14일 이내에 공제급여의 지급 여부가 결정됩니다. 여기에 약간의 시일이 소요되기 때문에 다소 기다리실 수도 있습니다.

급여액 결정 후 청구자에게 공제급여를 지급하는데, 만약 액수가 적다거나 치료불가 등의 처분 등에 불복할 경우 학교안전공제보상심사위원회에 심사 청구를 할 수 있습니다. 처리 절차를 대략적으로 설명하면 다음과 같습니다.

처리 절차

① 학교안전사고 발생

② 학교안전공제회에 사고발생 통지

③ 공제급여 청구

④ 공제급여 심사

⑤ 지급 결정

⑥ 결정금액 송금

⑦ 불복 시 심사청구

만약 학교에서 교육활동 중에 사고가 발생했다면 반드시 담임 교사와 먼저 상의하셔야 합니다.

31

다른 친구랑
놀지 못하게 할 때

Q. 함께 다니는 친구들이 있는데, 그 아이들이 특정 아이랑 놀지 말라고 한대요. 친구들 사이에서 따돌림을 시킬 것 같아서 안 하려고 해도 걔랑 말하면 너랑도 같이 안 놀 거라는 식으로 말한다고 합니다. 어떻게든 선을 그어야 할 것 같은데, 어떤 식으로 말하는 게 좋을지 잘 모르겠다고 해요.

또래 집단에서는 사이가 좋아졌다가 나빠졌다가를 반복합니다. 처음부터 끝까지 안 싸우고 내내 사이가 좋은 경우보다는 좋았다가 나빴다가를 반복하는 경우가 훨씬 많습니다. 자주 토라지고 싸우고 하는 일은 아이들 사이에선 일상입니다.

아마도 친구 관계에서 가장 어렵고 복잡하게 느껴지는 부분도 바로 이 부분일 겁니다. 또래 집단의 영향력을 무시할 수도 없고, 그렇다고 해서 또래의 압력을 무작정 견디기도 어려우니까요. 이럴 경우, 정확하게 선을 긋고 이야기를 해 주는 쪽이 서로에게 좋습니다.

친구: 우리 앞으로는 지우하고 안 놀기로 했어. 그러니까 너도 같이 놀지 마. 안 그러면 우리 너하고도 안 놀 거야.

💬 회피

나: 어, 그게……. (끝을 얼버무린다)

😠 공격

나: 뭐? 너 지금 협박한 거야? 내가 왜 네가 하라는 대로 해야 해? (화를 내면서 소리친다)

✅ 대응

나: 같이 놀거나 안 놀거나 하는 건 내가 정하는 거야. 내가 알아서 할게. (부드럽게 선 긋기)

그건 내 맘이야. 나 하고 싶은 대로 할게. (부드럽게 선 긋기)

"우린 앞으로 이명환이랑은 안 놀기로 했어."

단톡방에서 세랑이가 말했습니다.

"왜?"

우주가 물어봤어요.

"왜는? 이명환이 지난번에 나 리코더 못 분다고 놀렸잖아."

세랑이의 톡이 단톡방에 올라왔어요.

"최우주, 너도 앞으로 이명환하고는 놀지 마."

"나는 왜?"

우주의 톡에 세랑이가 잠시 후 대답했습니다.

"내가 싫어하니까. 앞으로 명환이하고 노는 애는 나랑 절교야. 너 나랑 절교할 거야? 그럴 거 아니면 너도 명환이하고 놀지 마. 알겠지?"

우주는 세랑이의 톡에 뭐라고 대답할까 고민했습니다. 세랑이가 말한 대로 명환이랑 안 놀아야 할지, 아니면 명환이랑 전처럼 지내야 할지 모르겠거든요.

여러분이 우주라면 뭐라고 말할 건가요? 이야기 나눠 보세요.

32

복도에서 그냥
치고 지나간 친구

학교는 많은 아이가 함께 생활하는 공간입니다. 아이와 비슷한 성향의 친구들도 있지만 그렇지 않은 경우도 많습니다. 대부분은 오히려 아이와 다른 성향이라고 보는 것이 맞겠지요. 비슷하고 마음에 드는 친구들하고만 지내면 참 좋겠지만 그렇지 않고 다른 성향, 정반대의 성향, 싫어하는 성향의 친구들과 부딪치고 갈등을 겪어야 하는 일은 생각보다 자주 찾아옵니다.

특히 쉬는 시간은 많은 복도에 우르르 몰려나와 신체적인 부딪침이나 뜻밖의 말다툼을 하는 경우도 많습니다. 물론 보통의 아이들은 몸과 몸이 부딪치는 상황에서 피하거나 미안하다고 말을 합니다. 하지만 모든 아이가 그렇지는 않습니다. 미안하다는 말을 안 하는 친구를 보면 뭐라고 해야 할까요?

사과를 요구하거나, 다음엔 그런 행동을 하지 않도록 정확하게 말해야 합니다. 그 친구는 정말로 순수하게 모르고 지나갔을 수도 있고, 또는 미안하다고 말할 기회를 놓쳤을 수도 있습니다. 사과를 요구해야 하는 상황에서 화를 내면서 분노하는 아이도 가끔 있습니다. 하지만 분노나 지나친 화를 내는 태도는 아이들에게 겁을 주거나 거부하는 마음을 불러일으킬 수도 있습니다. 부드럽지만 단호하게, 그리고 정확하게 자신의 마음을 잘 표현할 수 있도록 지도해 주세요.

이럴 때 회피하려는 태도로 그냥 넘어가게 되면 나중에는 자신이 잘못했을 때조차 사과하지 않고 똑같이 그냥 넘어가게 됩니다. 사과할 줄 아는 사람이 사과도 받아줄 수도 있다는 걸 기억해야겠지요.

이런 표현을 껄끄럽게 생각하거나 대충 '좋은 게 좋은 거지.' 정도로 넘어가지 않도록 평소에 자주 연습시켜야 합니다. 나에게 신체적인 피해를 입혔거나, 내가 꼭 사과받아야 하는 상황이라고 판단이 섰을 때는 자신 있고 당당하게 말할 수 있도록 세심하게 살펴 주셔야 합니다.

나쁜 태도의 예

어, 아픈데…… (미처 자신의 감정을 제대로 표현하지 못하고 대충 넘어가기)

야이 씨. 네가 나 쳤지. (분노하기)

쫓아가서 똑같이 때린다. (공격적으로 반응하기)

보통의 아이들은 사과를 요구해야 하는 상황에서도 갈등을 회피하기 위해 모른 체하거나 말을 얼버무리거나 끝까지 똑똑히 이야기하지 않습니다. 이런 태도는 상대 아이에게 만만해 보이거나 짓궂은 장난을 쳐도 되는 것처럼 보일 수 있습니다.

그렇다고 똑같이 화를 내면 어떻게 될까요? 싸움이 나거나 더 큰 갈등의 시작이 됩니다. 별것 아닌 사소한 부딪침이 큰 싸움의 발단이 되는 것이죠. 똑같이 욕을 하거나 가서 때려 주거나 하는 식의 대응이 그다지 좋지 않은 이유입니다. 아이들을 가르치고 있는 교사로서도 똑같이 때렸다는 결과에 집중해서 보게 되는 원인이 되기도 하죠.

그렇다면 어떤 식으로 대응하는 게 좋을까요? 지금부터 소개할 말하기는 어떤 상황에서든지 만능키처럼 활용할 수 있습니다. 차분하게 말하는 습관이 몸에 배면 하고 싶은 말을 다하지만, 오히려 친구들에게 카리스마 있고 당당한 모습으로 보이게 됩니다. 화를 내거나 싸우거나 욕하는 것보다 몇 배는 더 효과적인 방법이기 때문입니다.

○○아, 방금 나와 부딪쳤잖아. (객관적인 사실)
네가 세게 치고 가서 아팠어. (내가 불편했던 점 말하기)
미안하다고 말해 주면 좋겠어. (원하는 것 말하기)

먼저, 방금 일어난 일에 대해서 객관적인 사실만 말하도록 합니다. 이렇다 저렇다 전에는 어땠다, 나는 네가 마음에 든다 안 든다는 표현이 아니라 방금 있었던 바로 그 일에 대해서만 말하는 것입니다. 이게 1단계 객관적인 사실 말하기입니다.

2단계는 그 일이 나에게 미친 영향을 말합니다. 지금 이 상황에서는 나를 아프게 했던, 그 불편했던 점에 대해서만 말하는 것이지요. 이 부분에서도 그 친구가 평소 어떤 수업 태도를 보였거나, 나와 친했거나 친하지 않았거나 등의 이야기들은 필요가 없는 겁니다. 이 단계에서 기억할 건 이 일이 나에게 미친 영향을 정확하게 표현하는 것입니다.

3단계는 그래서 나는 무엇을 요구한다는 표현을 합니다. 이 일에 대해서 내가 원하는 것, 바라는 것, 상대에게 기대하는 것을 부드럽게 말하는 것입니다. 마지막 이 3단계에서 나에게 피해를 준 친구에게 부드럽지만 단호한 태도로 원하는 것을 말합니다. 이렇게 표현하는 것은 친구를 몰아세우는 지나친 태도도 아니고 친구가 무섭다고 갈등 상황을 회피하려는 태도도 아닙니다. 그 아이의 실수와 잘못된 행동에 대한 사과를 부드럽게 요구하는 것이며, 나를 지키려는 단호한 태도를 보이는 것입니다.

이런 식의 말하기가 몸에 배면, 그 아이의 내면의 단단함이 드러나기 때문에 어떤 친구도 섣불리 대하지 못하게 됩니다. 함부로 행동하거나 괴롭히는 식의 행동도 이 아이에게만큼은 하기가 어려워지죠. 부드럽지만 단호하다는 것은 이렇게 큰 힘을 갖는 것입니다.

33

친구에게 물건을
그냥 줘 버릴 때

Q. 친구에게 자기 물건을 주고 오는 경우가 많습니다. 그러지 말라고
몇 번 야단도 쳤지만, 친구가 가져가서 안 돌려줘도 제대로 말 못하고
그냥 옵니다. 이런 일이 한두 번도 아니어서 좋은 학용품 하나 사서 들
려 보내는 것도 마음에 걸리네요. 이럴 땐 어떻게 말하라고 얘기해야
할까요?

먼저 학교에서 잘 지내는 아이의 예를 살펴볼게요. 교직 생
활을 오래 해온 제가 볼 때 행복하고 건강하게 학교생활을 하
는 아이는 크게 세 가지 요인이 조화롭게 잘 맞는 경우였습
니다.

첫째, 신체적으로 건강해야 합니다. 잘 먹고 잘 자고 잘 놀

다 오는 아이는 학교생활도 잘합니다. 눈은 호기심으로 반짝반짝 빛나고 뭘 해도 즐겁죠. 반대로 칠판 글씨가 안 보이거나 몸이 으슬으슬해서 열이 나거나 어제 먹은 게 소화가 안 돼서 뱃속이 불편하다고 생각해 보세요. 어른에겐 사소하고 작아 보이는 일일지 몰라도 이런 작은 것도 아이의 학교생활을 엉망으로 만드는 요인이 됩니다. 이건 가장 기본적으로 충족돼야 하는 요인이지요.

둘째는 물리적으로 편안해야 합니다. 의자가 내 키에 맞춤이고, 책상이 내 몸에 잘 맞고, 교실이 쾌적하다거나 교실 조명이 밝고 환하다거나 하는 물리적 환경을 말하는 겁니다. 이건 아이를 둘러싼 가장 눈에 잘 띄는 환경적인 요인이기 때문에 약간만 신경 써도 얼마든지 해결할 수 있는 부분이에요.

셋째는 관계적인 면에서 행복해야 합니다. 나를 존중하고, 배려하는 친구들과 선생님 사이에 있는 아이는 행복합니다. 마음도 편안하고 공부하고 싶은 마음도 들어요. 하지만 관계적인 측면에서 불안하면 아이는 공부에 마음을 붙이기 어렵습니다. 친구들과 함께 어울려서 해야 하는 다양한 교육과정 과제들을 수행하기도 힘들어지죠.

내 물건에 대한 소유의 개념은 바로 세 번째 요인과 맞닿

아 있습니다. 소유의 개념은 가장 기본적인 경제 개념이면서 동시에 나에 대한 존중이기도 하기 때문입니다. 이건 곧 나에 대한 존중, 내 것에 대한 존중, 나아가서는 내 존재와 정체성에 대한 존중이니까요.

애착 인형이 있었던 아이를 키우는 부모님이라면 이 부분을 잘 이해하실 겁니다. 아이가 소중하게 여기는 애착 인형을 바닥에 내팽개치는 경우, 아이가 얼마나 속상해 하던가요. 내가 아끼는 물건은 곧 나를 뜻하기 때문입니다.

학교에서도 마찬가지죠. 내가 아끼는 물건을 친구가 마음대로 가져가거나, 함부로 대해서 훼손한다면 애착 인형이 바닥에 내팽겨쳐질 때의 속상함과 똑같은 심리적 충격을 받을 수밖에 없죠.

그런데 왜 그냥 주고 오는 걸까요? 어떻게 해야 할지 잘 모르기 때문입니다. 이런 상황이 당혹스럽지만 어떻게 말해야 친구에게 적절한 서설의 표현이 되는지를 모르는 것이지요.

친구: 아이의 물건을 허락 없이 가져간다.

💬 회피

나: 어, 그럼 안 되는데……. (말을 얼버무리거나 모호하게 말
하기)

⊗ 공격

나: 야, 다시 주라니까! (화를 내거나 소리 지르기)

✅ 대응

나: 그거 내 거야. 내 허락 없이 가져가면 안 돼. (거절의 뜻 분명하
게 말하기)

돌려줘. (원하는 것 말하기)

이렇듯 명확하게 내가 그 물건의 주인이고 그 물건은 내
허락 없이는 만지거나 가져가서는 안 된다는 것을 분명하게
선을 그어주는 겁니다. 소유의 개념은 이렇게 주인이 명확하
게 자신의 것을 선언할 때 확실해집니다.

물건을 친구에게 자주 줘 버리는 것도 대부분 이런 거절의
표현을 정확하게 못 해서 생기는 일인 경우가 많습니다. 내 것
이라는 말을 못 하고 얼버무리다가 상황을 회피하면서 상대

아이에게 물건을 줘 버리는 것입니다. 이때 상대 아이가 고마워하면서 감사의 뜻이라도 표현해 주면 좋겠지만, 그런 아이였다면 애초에 그렇게 마음대로 물건을 가져가지도 않았겠지요.

친절은 고마워하는 사람에게 베푸는 겁니다. 고마움을 모른다면 거절해도 괜찮습니다. 내 물건은 내 허락 없이는 만져서도 안 되고 가져가서도 안 된다는 것을 여러 번 연습해서 입에 배도록 지도해 주세요.

💬 함께 연습해 볼까요

우주는 이번에 새로 산 반짝이 풀이 너무나 마음에 들었습니다. 우주가 스스로 용돈을 모아서 산 것이라, 더 소중했지요. 그런데 명환이가 이 반짝이 풀을 보더니, 달라고 하는 거예요.
"우주야, 너 그거 이번에 새로 샀어?"
"어, 응. 다섯 개가 한 세트야."
우주가 쭈뼛거리면서 대답했어요. 명환이는 우주의 반짝이 풀을 만지작거렸습니다.

"다섯 개가 한 세트면 나 이거 하나 가져도 돼?"

명환이는 우주가 가장 좋아하는 은색 반짝이 풀을 집어 들었습니다.

"어, 아, 안 돼. 그거 나도 몇 번 안 써 본 거야."

"에이, 뭘, 다섯 개나 있잖아. 그러니까 나 하나 줘."

"아니, 그게 아니고, 어, 그건. 나도 어렵게 산 거야. 학교 앞 문구점에 없어서 다른 데까지 가서 사 온 거란 말이야."

"그래서 뭐? 나 이거 가진다."

명환이는 아무렇지 않게 은색 반짝이 풀을 가져가 버렸습니다.

이럴 때 우주는 명환이에게 뭐라고 말해야 할까요?

34

외모를 가지고
놀릴 때

Q. 아이가 통통한 편이에요. 반에 아이의 외모를 비하하면서 놀리는
아이가 있어요. 이럴 때 어떻게 말해야 할지 몰라서 울면서 집에 올 때
정말 속상합니다.

외모를 문제 삼아 놀리는 일은 아이들 사이에 종종 있습니
다. 처음 몇 번 농담이나 장난이라고 생각하고 가볍게 넘어가
면 다음엔 더 짓궂게 장난을 치고, 심할 때는 여럿이서 떼를
지어서 함께 놀리기도 합니다. 이렇게 되면 아이 하나 대 여러
아이의 문제로 불거지게 되기 때문에 상황을 수습하는 것도
복잡하고 어려워집니다.

상처를 준 아이를 위해

외모를 놀리는 것은 상대 아이에겐 아주 큰 상처를 줄수 있습니다. 외모는 선천적으로 타고나는 부분인 만큼 자존감을 떨어뜨리는 일이 되는 경우가 많습니다. 자존감은 아이의 회복탄력성, 자기효능감과도 직접적으로 연관이 있는 만큼 외모를 놀리는 일은 하지 말아야 합니다.

저는 어릴 때 눈동자가 갈색이라는 이유로 친구들에게 놀림을 당했던 일을 아직도 기억합니다. 나이 오십이 다 돼서도 이 일이 기억나는 이유가 무엇일까요? 그만큼 외모에 대한 놀림은 오래도록 가슴에 남아 있다는 뜻입니다. 그러니 가볍게 여기지 마시고, 따끔하게 야단치는 것이 좋습니다.

"친구를 뚱뚱하다고 놀리는 건 나쁜 일이야. 어떤 이유로도 하면 안 되는 일이야. 네가 친구의 외모를 놀린다면 그건 친구의 인격을 모독하는 것과 같아. 너뿐만 아니라 세상 누구도 그러면 안 돼. 앞으로는 절대로 그렇게 놀리지 마."

이 문제에서 중요한 것은 외모를 비하하는 그 친구의 말이 나쁜 것이지, 내 외모가 나쁜 것이 아니라는 점을 명확하게 구별하는 것입니다. 이 부분을 헷갈리면 아이들이 외모를 놀린 일 때문에 아이 스스로 '나는 못나고 못생긴 아이, 나는 쓸모없는 아이'라고 믿게 되면서 두고두고 마음의 상처로 남지요.

"나는 소중한 사람이고, 나는 내 외모가 언제나 마음에 들어. 그러니까 나한테 함부로 말하지 말아줘."

이렇게 분명하게 마음을 밝히면 상대 아이도 움찔해서 함부로 굴지 못합니다. 가끔 가정에서도 아이의 외모를 '뚱땡이', '깨순이', '점박이'처럼 장난치듯 비하하면서 말하는 경우가 있는데요. 이것도 반복되면 아이의 자존감을 낮추는 요인이 됩니다. 이 부분은 가정에서 아이를 대하는 말과 행동을 부모가 먼저 주의 깊게 돌아보셔야겠지요.

가정에서도 평소에 "너는 소중한 사람이야. 네 마음도 소중하고, 네 몸도 소중해. 그러니까 누가 뭐라고 하든 어깨 쫙 펴고 당당해지렴."처럼 말하고, 실제로도 그렇게 대해 주셔야 합니다. 그래야 밖에 나가서도 누가 '너는 못났어.'라고 말할 때 주눅 들지 않고 말할 수 있습니다. 마찬가지로 여러 번 연습하고 반복해서 알려주셔야겠지요.

"엄마랑 아빠는 너의 머리끝부터 발끝까지 사랑해. 네가 뚱뚱하든 홀쭉하든, 키가 크든 작든 상관없이 엄마랑 아빠는 네가 그냥 너여서 사랑하는 거야. 네 머리카락 한 올까지 사랑해. 그러니까 너도 네 몸을 사랑해야 해. 자랑스럽게 여기고, 사랑해 줘. 친구가 혹시 놀린다고 해도 그 애가 나쁜 거지, 네가 나쁜 거 아니야. 엄마랑 아빠가 소중하게 여기는 몸이니까 당당하게 말해. '난 내 얼굴이 맘에 들어. 난 내 몸이 맘에 들어.' 라고."

친구: 야, 너, 얼굴 완전 웃기게 생겼다. 주근깨 엄청 많아.

💬 회피

나: 아, 그래? (얼버무리면서 다른 이야기로 넘어간다)

나: ……. (어떻게 말해야 할지 몰라서 아무 말도 하지 못한다)

😠 공격

나: 내가 뭐? 네가 나 주근깨 생기는 데에 보태준 거 있어? (화를 낸다)

나: (울거나 소리를 지른다)

✔️ **대응**

나: 방금 내 얼굴이 주근깨가 많다고 했니? (사실 그대로 되짚기) 네가 그렇게 말하면 나는 기분이 나빠. (내 감정 설명하기)

왜냐하면 나는 내가 소중하거든. 나는 내 얼굴도 소중하고, 내 몸도 소중해. 네가 그렇게 말하면 나를 무시하는 거야. (잘못된 행동에 대해 부드럽게 말하기)

그러니까 앞으로는 그런 식으로 말하지 마. (원하는 것 말하기)

대충 얼버무리거나 대답하지 않고 회피하면서 넘어가면 상대 아이는 또 해도 되는 줄 압니다. 어느 상황에서든 일차적으로는 내가 나를 보호할 수 있어야 하고, 그런 방식의 말하기는 어른에게나 아이에게나 중요합니다.

상황: 세랑이가 오늘 짧은 치마를 입고 왔어요. 응원하는 치어 리더들이 입는 것 같은 짧고 발랄한 치마예요. 그런데 명환이가 세랑이 치마를 보더니, 놀리기 시작했어요.

"야, 김세랑, 너 치마 되게 짧다. 넌 다리도 굵으면서 왜 다리를 내놓고 다니냐. 다 가리고 다녀야지."

세랑이 얼굴이 종잇장 구겨지듯 일그러졌어요. 속이 상한 세랑 이가 명환이를 비웃으면서 말했어요.

"너는 집에 가서 우유나 더 먹어. 나보다 키도 한참 작은 주제 에……. 아, 넌 1학년 교실 가서 공부하면 되겠다. 키가 그렇게 작아서 어떻게 우리랑 공부하냐?"

세랑이의 말에 명환이가 버럭 소리쳤어요.

"뭐? 너 말 다 했어?"

명환이와 세랑이가 서로 소리를 지르면서 싸우기 시작했어요.

이 모습을 지켜보던 우주는 조용히 생각해 봤어요. 나라면 뭐라 고 말했을까 하고 말이지요. 여러분이 세랑이라면 어떤 말을 하 고 싶나요?

그 집 아이는
어떻게 말을 그렇게 잘해요?

"전에 가르쳤던 제자들이 다 기억나세요?"라고 농담 비슷하게 묻는 분들이 가끔 있습니다. 제 교직 경력이 30년 가까이 되니, 기억이 가물가물해지기도 하죠. 그 가운데에도 유독 지금까지 기억에 남는 학생이 하나 있습니다. 여학생이었는데, 4학년을 담임할 때 만났던 지율이입니다.

지율이는 주변에 있는 아이들이 유난히 잘 따랐습니다. 학급 임원 선서에 나가도, 짝꿍을 하고 싶은 친구를 물어도 늘 압도적으로 지율이가 꼽혔습니다. 아이들이 좋아하는 것은 물론이고요. 심지어 수업 시간에도 남달랐습니다. 발표가 너무나 조리 있고 논리적이어서 들을 때마다 속으로 감탄하곤 했습니다.

한 번은 지율이 사물함에 한 남자아이가 낙서한 일이 있었습니다. 지율이의 것만 그린 게 아니라 다른 여자애들 사물함 몇 개에도 낙서했습니다. 다른 여자아이들은 화내거나 소리를 치거나 울어 버렸습니다. 저는 지율이가 어떻게 할지 궁금해서 살짝 지켜봤죠.

　지율이는 그 남자아이에게 가서 이렇게 말했습니다.

　"이거 네가 했지?"(사실 확인)

　"그래. 내가 했다. 왜."

　"그럼, 다시 지워. 깨끗하게."(원하는 것 말하기)

　"내가 왜?"

　"사물함에 왜 낙서하면 안 되는지 알아?"

　"모르지. 그걸 내가 어떻게 알아."

　"사물함은 네 거 아니야. 내 것도 아니고. 우리가 1년 동안 빌린 거지. 사실은 학교 거라고. 그러니까 낙서하면 안 돼. 다시 깨끗하게 지워."(원하는 것 분명하게 말하기)

　그 남자아이는 쉬는 시간 내내 여자아이들 사물함을 깨끗하게 지웠습니다. 군더더기 없이 화 한 번 안 내고 정확하게 할 말을 하는 모습을 보고 속으로 혀를 내둘렀습니다.

　지율이 어머니를 만났을 때 물어봤습니다.

"어머니, 지율이는 학교생활을 너무 잘해요. 리더십도 있고, 친구들도 좋아하고, 발표도 잘하고 공부도 잘해요. 도대체 어떻게 하면 그렇게 키울 수가 있나요?"

정말로 궁금했습니다.

"선생님, 저는 별것 안 했어요. 지율이가 어렸을 때부터 원하는 걸 그냥 해 준 적이 한 번도 없었어요. 그걸 왜 해 줘야 하는지 엄마에게 설명부터 하라고 했고, 지율이가 설명을 못 하면 천천히 같이 다시 이야기해서 연습하게 했어요."

저는 속으로 깊이 '아하!' 하고 감탄했었죠.

아이들은 앞으로 성장하면서 수많은 날을 갈등하고, 부딪치면서 살아갈 겁니다. 그때마다 부모가 나서서 도와줄 수 없을 거고, 아이 스스로 원하는 걸 얻어내야 할 겁니다. 부모가 아이에게 길러 주어야 하는 것은 결국 갈등을 마주하고, 해결하기 위해 스스로 노력하는 힘일 것입니다.

이 책을 끝까지 읽고 연습했다면 어느 정도 당당한 말하기에 대한 감이 잡히셨으리라 믿습니다. 이 책은 바로 그 지율이의 말하기 태도를 떠올리면서 쓴 책입니다. 이럴 땐 이렇게, 저럴 땐 저렇게 외워서 말하는 것이 아니라 상대에 대한 태도, 자기 자신에 대한 태도를 내면화하는 것이 이 책의 목적이었

기 때문입니다. 그러고도 자신이 없다면 〈함께 연습해 볼까요〉
를 한 번씩 더 연습해 보셔도 좋습니다.

아무쪼록 대한민국 아이들의 말하기에 자신감과 당당함이
길러지는데, 밑거름되는 책이었으면 기도합니다. 감사합니다.

글쓴이 김성효

피그말리온 026

아이의 말 연습

1판 1쇄 발행 2025년 4월 2일
1판 2쇄 발행 2025년 4월 23일

지은이 김성효
펴낸이 김영곤
펴낸곳 (주)북이십일 21세기북스

콘텐츠TF팀 김종민 신지예 이민재 진상원 이희성 한이슬 정성은
마케팅팀 남정한 나은경 한경화 권채영 전연우 최유성
영업팀 한충희 장철용 강경남 황성진 김도연
제작팀 이영민 권경민
편집 꿈틀 디자인 design S

출판등록 2000년 5월 6일 제406-2003-061호
주소 (10881) 경기도 파주시 회동길 201(문발동)
대표전화 031-955-2100 **팩스** 031-955-2151 **이메일** book21@book21.co.kr

© 김성효, 2025

ISBN 979-11-7357-196-1 (03590)

(주)북이십일 경계를 허무는 콘텐츠 리더

21세기북스 채널에서 도서 정보와 다양한 영상자료, 이벤트를 만나세요!
페이스북 facebook.com/21cbooks **포스트** post.naver.com/21c_editors
인스타그램 instagram.com/jiinpill21 **홈페이지** www.book21.com
유튜브 youtube.com/book21pub

참고문헌

1 66p 무조건 좋다고만 하는 '예스맨', '착한 아이 증후군'이라고?
      출처: https://health.chosun.com/site/data/html_dir/2024/04/22/
      2024042201775.html

2 73p 제2022-33호[별책1] 초·중등학교 교육과정 총론, 교육부

사춘기 성장 근육을 키우는 뇌·마음 만들기

천 번을 흔들리며
아이는 어른이 됩니다

"결국 해내는 기적은 네 안에 있어!"
30년간 아이들의 마음 성장을 이끈
서울대병원 김붕년 교수 화제의 신간

김붕년 지음 | 값 17,800원 | 220쪽

아이를 인생의 주인공으로 만드는 부모의 육아법

스스로
결정하는 아이

의학박사이자 두 아이의 엄마가
엄선한 과학적 육아 정보

야나기사와 아야코 지음
양지연 옮김 | 값 19,000원 | 194쪽

상처 받기 쉬운 아이의 마음을 지키는 대화법 70가지

아이를 무너트리는 말,
아이를 일으켜 세우는 말

아이뿐만 아니라 부모 자신의
마음을 지키는 방법까지 알려주는
자녀 교육서이자 육아 힐링서

고도칸 지음 | 한귀숙 옮김
이은경 감수 | 값 19,000원 | 204쪽

자녀의 사회성을 성장시켜 줄 학부모와 교사의 품격 있는 소통법

초등 저학년
아이의 사회성이 자라납니다

아이의 첫 사회 진출을 위한
학부모의 역할과 소통법을 담은
초등 입학&학교생활 가이드북

이다랑, 이혜린 지음 | 값 18,000원 | 208쪽